土木工程材料实验

邓初首　陈晓淼　何智海　主　编
项腾飞　武　萍　潘随伟　张圣菊　副主编

清華大學出版社
北　京

内容简介

本书共分为3章，包括土木工程材料实验基本知识、土木工程材料基本实验和土木工程材料拓展实验三大部分。第1章内容涉及实验抽样、实验数据的分析处理、实验要求等基本知识；第2章重点介绍了水泥、建筑钢筋、混凝土用集料、普通混凝土、建筑砂浆、砌墙砖、沥青及沥青混合料等常用土木工程材料主要技术指标的实验与检测方法，还安排了“普通混凝土配合比设计实验”和“砌筑砂浆配合比设计实验”两个设计性实验；第3章介绍了混凝土抗渗性能、混凝土抗冻性能、混凝土抗折强度、混凝土劈裂抗拉强度、混凝土轴心抗压强度及土工合成材料等实验方法。

本书可作为土木工程、工程管理、工程造价、建筑学等专业本科生的实验教材，也可供从事土木工程施工、监理、检测、科研(设计)和管理等技术人员学习参考。

图书在版编目(CIP)数据

土木工程材料实验/邓初首，陈晓淼，何智海主编. —北京：清华大学出版社，2021.9(2024.8重印)

ISBN 978-7-302-58760-6

Ⅰ. ①土… Ⅱ. ①邓… ②陈… ③何… Ⅲ. ①土木工程－建筑材料－实验 Ⅳ. ①TU502

中国版本图书馆CIP数据核字(2021)第144045号

责任编辑：刘一琳
封面设计：陈国熙
责任校对：欧　洋
责任印制：曹婉颖

出版发行：清华大学出版社
网　　址：https://www.tup.com.cn，https://www.wqxuetang.com
地　　址：北京清华大学学研大厦A座　**邮　　编**：100084
社 总 机：010-83470000　**邮　　购**：010-62786544
投稿与读者服务：010-62776969，c-service@tup.tsinghua.edu.cn
质量反馈：010-62772015，zhiliang@tup.tsinghua.edu.cn
印 装 者：三河市少明印务有限公司
经　　销：全国新华书店
开　　本：170mm×240mm　**印　　张**：12　**字　　数**：225千字
版　　次：2021年11月第1版　**印　　次**：2024年8月第3次印刷
定　　价：39.80元

产品编号：092467-01

前言

土木工程材料实验是土建类专业《土木工程材料》课程的实践性教学环节。本书以高等学校土木工程专业指导委员会编写的《土木工程材料教学大纲》为指导，按照土建类专业“工程教育认证”对土木工程材料实验的要求编写。本书内容重点突出，主要介绍了水泥、建筑钢筋、混凝土用集料、普通混凝土、建筑砂浆、砌墙砖、沥青及沥青混合料等几种常用土木工程材料的实验与检测方法、品质评定的标准与依据。

通过本书的实验教学，使学生熟悉主要土木工程材料的标准、规范与技术要求；掌握常用土木工程材料性能实验的基本方法，并具有对它们进行品质评定与质量检定的能力；训练基本实验技能，并提高处理实验数据、分析实验结果、编写实验报告的能力。本书还安排了两个设计性实验，以培养学生科学研究的能力（如查阅文献的能力，设计实验的能力，发现问题、分析问题、解决问题的能力），为今后参与建筑工程设计、施工、检测、监理和科研等相关工作打下良好的基础。

本书所有内容均按现行的国家（或行业）标准、规范编写，一律摒弃废止的标准与规范。

本书由安徽工业大学邓初首、江苏科技大学陈晓淼、绍兴文理学院何智海担任主编，安徽工业大学项腾飞和武萍、马鞍山学院潘随伟、江苏科技大学张圣菊担任副主编，安徽工业大学吴旻、江苏科技大学仲秀丽、绍兴文理学院曾昊等参加编写。

本书编写的具体分工为：邓初首负责编写第1章、第2章的2.4～2.6节和2.8节、第3章的3.6节及全书的统稿工作，陈晓淼负责编写第2章的2.1节，何智海负责编写第2章的2.9节，项腾飞负责编写第3章的3.1～3.2节，武萍负责编写第2章的2.2节，潘随伟负责编写第3章的3.3～3.5节，张圣菊负责编写第2章的2.3节，吴旻负责编写第2章的2.10节，仲秀丽负责编写第2章的2.7节的2.7.1～2.7.4节，曾昊负责编写第2章的2.7节的2.7.5～2.7.7节。

本书的编写与出版得到了安徽工业大学陈德鹏教授的大力支持与帮助，在此致以衷心的感谢。同时，感谢清华大学出版社王向珍、刘一琳、王华等编辑为本书的修改完善和出版所付出的辛勤工作。在编写过程中，编者参考了书末参考文献中所列的资料，在此一并表示衷心的感谢！

由于编者水平有限，书中难免有不当之处，敬请广大师生和读者批评指正。

编　者

2021 年 9 月

目　录

<<< 第1章

土木工程材料实验基本知识

我们把研究对象的全体称为总体(也叫母体),组成总体的每个研究对象(或每个基本单位)称为个体。实际上不可能对全部总体试样做无限次实验或检验,只能从中随机取出若干个有限试样进行实验,从而推断出总体情况。这些从总体中按一定规则随机抽取的个体的全部称为样本(或子样)。样本中所含个体的个数称为样本容量。样本容量越大,对总体的估计就越准确,越能反映总体的性质。

通过随机抽取的样本经测试而得到实验数据,再经数据加工处理后得到样本信息,通过这些样本信息来反映材料的总体质量。因此进行土木工程材料实验与测试,主要是研究样本,通过样本去推断总体情况。

土木工程材料实验是个非常重要的学习过程,只有掌握了正确的实验方法,才能得到最可靠的数据进而反映材料的总体质量。

本章主要介绍了土木工程材料实验的基本知识,通过学习应掌握土木工程材料实验的取样方法、实验影响因素以及实验数据的分析、运算和处理等,为土木工程材料实验储备好实验基本知识和实验操作技能。

1.1 实验抽样及处理

实际上多数情况下,不可能对总体进行全面检验(逐个检验),一般采取抽样检验的方式。所谓抽样检验就是从一批产品中随机抽取部分产品(样本)进行检验,据此判断该批产品(总体)是否合格的统计方法。抽样检验是根据样本中产品的检验结果来判断整批产品的质量,所以抽样方法是否具有科学性,抽取的样品是否具有代表性,将直接关系到受检材料整体结果的准确与否。因此选取试样是土木工程材料实验的第一个环节,必须制定出一个科学合理的抽样方案,同时还要制定出判断其指标的验收标准,这样才能使取样方法具有较高的科学性和代表性。

1.1.1 检验批量

检验批量是受检的一批产品中所包含的单位产品的总量。划分批量必须考虑以下两点：第一，应考虑是否同一生产条件或是否按规定的方式汇总，以使样本质量基本均匀一致，且样本分布有比较明确的规律性，这样由样本信息来推定整批材料的质量才比较可靠；第二，要考虑批量的大小，即每一批的数量。批量过小，样本容量也相应减小，对总体质量的估计就不准确，容易产生误判。但批量过大，一方面不易取得有代表性的样本；另一方面，一旦出现样本质量不能通过验收标准，就会拒收该大批产品，经济损失过大，也会增加后期进行进一步有效处理的工作量。因此，批量的大小对实际检验及验收的科学性都会产生极大的影响。例如，钢筋检验批量要求：钢筋应按批进行检查和验收，每批不超过60t。每批应由同一牌号、同一炉罐号、同一规格、同一交货状态的钢筋组成，既考虑到生产条件的同一，又合理地确定了批量的大小。

1.1.2 抽样规则

确定抽样规则的原则就是使取样更具有科学性、公正性和代表性。原则上应在同一批量中随机抽取样本，一般应从以下几个方面综合考虑。

1. 取样地点

为保证材料具有真实质量，取样地点的确定是关键所在。土木工程所应用的材料，一般在施工现场进行见证（在工程监理监督下）取样并封样。如混凝土拌和物要在混凝土施工过程中取样，水泥以同一水泥厂、同品种、同强度等级、同一批号且连续进场的水泥为一个取样单位，钢材也要求进场时取样。

2. 取样方法

为使样本具有代表性，能真实、客观、公正地反映材料的质量，取样方法要有随机性、均匀性和科学性。

如混凝土拌和物应从同一盘或同一车混凝土中的约1/4处、1/2处和3/4处分别取样；水泥取样可从20个以上不同部位取等量样品，总量至少12kg；钢筋取样是从每批钢筋中任选两根切取试样，试样应在每根钢筋距端头50cm处截取，每根钢筋上截取一根拉伸试样、一根冷弯试样。

集料应按同产地、同规格分批取样和检验。在料堆上取样时，取样部位应均匀分布，取样前，先将取样部位表层铲除。取砂样时，由各部位抽取大致相等的砂共8份，组成一组样品；取石子样时，由各部位抽取大致相等的石子15份（在料堆的顶部、中部和底部各由均匀分布的15个不同部位取得)组成一组样品。试样铲取后,要将试样缩分。

砂样可用分料器或人工四分法缩分。①用分料器缩分:将样品在天然状态下拌和均匀,然后将其通过分料器,并将两个接料斗中的一份再次通过分料器。重复上述过程,直至把样品缩分至实验所需数量为止。②人工四分法缩分:将样品放在平整洁净的平板上,在潮湿状态下拌和均匀,摊成厚度约20mm的圆饼,在饼上划两条垂直相交的直径将其分成大致相等的4份,取其对角的两份按上述方法继续缩分,直至缩分后的样品数量略多于实验所需量为止。

石子缩分采用四分法进行:将样品倒在平整洁净的平板上,在自然状态下拌和均匀,堆成圆锥体,然后沿相互垂直的两条直径把圆锥体分成大致相等的4份,取其对角的两份重新拌匀,再堆成圆锥体。重复上述过程,直至把样品缩分至略多于实验所需量为止。

3. 取样频率

取样频率是指一批材料中所取样本的次数。取样频率应适中,过大会造成实验工作量加大,过小则不能反映批量材料的均匀性。如混凝土抗压强度,每一楼层、每个工作班拌制的不超过100m^3同一配合比的混凝土取样不得少于一次(三个试块为一组)。

4. 样本容量

样本的容量不宜过小,否则容易对总体质量造成误判。适当增大样本容量,虽然会增加取样和实验工作量,但由于减少了误判,其利大于弊。

5. 样品保存

样品保存条件的不同,也会造成不同的测试结果。材料的保存与养护条件应遵从相关标准和规范。如混凝土抗压强度试件,其养护条件有标准养护和同条件养护。标准养护是指在温度为20℃±2℃、相对湿度为95%以上的标准养护室中养护,或在温度为20℃±2℃不流动的氢氧化钙饱和溶液中养护;同条件养护是指混凝土试块脱模后与混凝土结构或构件放置在一起,进行同温度、同湿度环境的相同养护。即使是同一配合比、同一台班拌制的混凝土,在这两种养护条件下,混凝土强度增长也存在明显差异。

6. 测试时间

很多材料的性能是随时间的变化而变化的,因此,不同的测试时间所获得的检测结果是不同的。如水泥胶砂强度，其测试龄期有 3d 和 28d；混凝土立方体抗压强度，其测试龄期有 1d、3d、7d、28d、56d(或 60d)、84d(或 90d)、180d 等，也可根据设计龄期或需要确定。一般情况下，龄期越长，其强度也越高。

1.2 实验影响因素

同一材料在不同的实验条件或不同的加工条件下，会得到截然不同的测试结果，这是由于某些实验影响因素对实验结果造成的。实验影响因素主要来自以下几个方面。

1.2.1 生产工艺因素

1. 搅拌

混凝土作为大宗土木工程材料，其拌和物在浇筑结构构件、成型强度试件或进行其他项目检测前要充分搅拌均匀，应采用机械搅拌(实验室检测时应再进行人工拌和 1～2min)，搅拌不均匀将直接导致混凝土强度不均匀。为拌制出均匀优质的混凝土，除合理选择搅拌机的类型外，还必须科学制定搅拌制度，如投料量、搅拌时间、投料顺序等。

1）投料量

一次投料量应控制在搅拌机的额定进料容量以内。不应小于搅拌机公称容量的 1/4，也不应大于搅拌机公称容量，且不应少于 20L。

2）搅拌时间

一般情况下，混凝土的匀质性是随着搅拌时间的延长而提高，但搅拌时间过长，不但会影响搅拌机的效率，而且对混凝土的强度提高也无益处。自加料全部结束后，最短搅拌时间一般不得小于 2min。

3）投料顺序

确定投料顺序应综合考虑到能否保证混凝土的搅拌质量、提高混凝土的强度、减少机械的磨损与混凝土的粘罐现象、减少水泥飞扬等多种因素。投料顺序可分为：一次投料法、二次投料法和水泥裹砂法等。

2. 振捣

浇筑混凝土或成型强度试件时都要振捣混凝土拌和物，振捣要密实，既要防止漏振，也要防止过度振捣。漏振的后果是混凝土拌和物内气泡未充分排除，造成硬化后的混凝土产生蜂窝、麻面、空洞多等现象，强度与耐久性下降；过度振捣则会造成混凝土分层与离析(石子下沉,砂与水泥浆分离),影响混凝土质量。

3. 温度

各类试件的养护温度的高低,直接影响到实验结果。如混凝土强度试件标准养护温度为 20℃±2℃,水泥胶砂试件标准养护温度为 20℃±1℃。如果不在标准温度下养护,养护温度过高,会使其早期强度增长过快,但对后期强度发展不利;养护温度过低,则使整个龄期的强度发展都偏低(负温下强度增长还会停止,试件甚至被冻坏)。对某些有机材料,如沥青针入度、延度、软化点等实验,沥青混合料马歇尔实验与车辙实验等,还必须严格控制实验温度,否则会对测试结果有显著的影响。

4. 湿度

合适的湿度能保证水泥正常水化,使混凝土强度充分发展。如果湿度过低,会影响水泥水化,甚至停止水化,混凝土也会失水干燥,产生干缩裂缝,影响混凝土的强度和耐久性。所以试件养护的湿度也明显地影响测试结果,如水泥胶砂试件标准养护时应在 20℃±1℃水中养护,混凝土试件标准养护时要求在相对湿度达95%以上的养护室内养护或是在 20℃±2℃不流动的氢氧化钙饱和溶液中养护。

在施工现场进行自然养护的混凝土构件,应在混凝土浇筑完毕后的 3~12h 内用草帘、麻袋、锯末等将混凝土覆盖并洒水保湿养护,或者以塑料薄膜(塑料布或喷涂塑料薄膜养生液)为覆盖物,使混凝土与空气隔绝,水分不再蒸发,水泥靠混凝土中的水分完成水化作用而凝结硬化。

1.2.2 实验条件因素

1. 仪器的选择

实验仪器选择得正确与否,会对测试的准确度和精确度产生很大的影响。仪器选择不当,会使测试结果产生较大的误差。

1) 量程选择

实验要求被测样品性能指标的数值应与仪器测试的量程范围相适应。如测试材料强度的实验中,应根据试件(钢筋、混凝土与砂浆试块等)破坏荷载的大小,选择万能试验机或压力试验机的测量度盘,使最终测值在试验机某一度量盘最大量程的 20%~80%为好。

2) 精度选择

材料测试精度也应与实验仪器的精度相对应。在材料的很多实验项目中都有对仪器精度的明确要求，如：钢筋、混凝土等强度实验，要求试验机示值误差不大于1%；水泥标准稠度用水量、安定性、凝结时间等实验中，称取试样的质量为500g，称量精度为1.0g，故选用量程为1000g，感量不大于1.0g的天平，而量水器的最小刻度不大于0.1mL。

2. 加荷速度

加荷速度的快慢对材料强度值的影响也较大，由于只有当试件的变形达到一定程度时才会发生破坏，如果加荷速度快，则材料变形的增长速度落后于荷载增加的速度，当测试荷载达到破坏荷载之上时，试件才破坏（变形才达到破坏程度），故测得的强度值偏高；反之，测得的强度值偏低。因此不同材料强度实验时加荷速度的快慢，应严格按照国家相关标准、规范所规定的加荷速度进行加荷，否则就会产生人为误差，导致测试结果不准。如水泥胶砂抗压强度实验，要求加荷速度严格控制在2400N/s±200N/s，需要用专用水泥抗压试验机进行加荷（微机软件自动控制加荷速度）。

1.2.3 材料状态因素

1. 试件尺寸

实验证明：相同条件下的试件，其尺寸越大，测得的强度值越小；反之，测得的强度值越高。这是因为：①与环箍效应的作用大小有关。当试件受压时，在沿加荷方向发生纵向变形的同时，也按泊松比效应产生横向膨胀。而试验机的上下钢制压板的横向变形小于试件的横向变形，因而上下压板与试件的受压面之间由于横向变形量的不同而产生相对运动，形成摩擦阻力，这种摩擦阻力对试件的横向膨胀起约束作用，这种作用称为“环箍效应”。很显然，环箍效应的作用越大，越会抑制和推迟试件的破坏，提高了抗压强度。而当试件尺寸较大时，环箍效应的作用相对较小，测得的强度值偏低。②大试件内存在的微裂缝、孔隙和局部薄弱等内部缺陷的概率大，缺陷处的应力集中现象也更明显，使测得的强度值偏低；而小试件内部缺陷少，不易产生应力集中，故测得的强度值较大。因此应采用标准尺寸试件，当采用非标准尺寸试件时，其强度应乘以尺寸效应换算系数加以修正。如边长为100mm的非标准混凝土立方体试件，其抗压强度应乘以尺寸效应系数0.95，换算成标准立方体试件（边长为150mm）的强度值。

2. 含水程度

实验时试件的含水率越高，测得的强度越低。这是因为水分会使材料软化或因尖劈作用产生裂缝而降低强度,所以干燥试件比湿润试件测得的强度高。

3. 表面状态

当试件受压面上有润滑剂时,由于压板与试件间的摩擦阻力变小,环箍效应的作用大大减弱,测得的强度值小,试件将出现直裂破坏(图 1-1)。同时,如果试件的表面粗糙不平,也会引起应力集中而使测得的强度值大大降低,因此测试强度时,必须选用试件平整光洁的表面作为承压面(混凝土试件以成型面的侧面为受压面)。

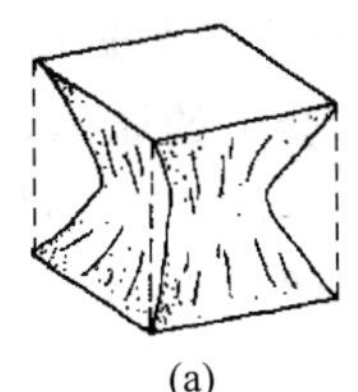
(a)

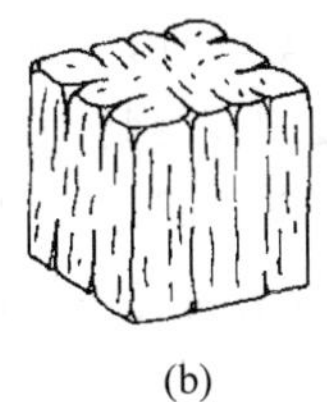
(b)

图 1-1 脆性材料试件受压破坏特征

(a) 试件受压板约束时的破坏特征(棱锥体); (b) 试件不受压板约束时的破坏特征

4. 试件形状

试件形状不同,所测得的强度值也不同。如棱柱体试件要比立方体试件测得的强度值小,这是因为环箍效应随着与压板距离的增大而逐渐减小,当其与压板的距离达到试件边长的 0.866 倍时,环箍效应就基本消失了。由此可见,试件的高宽比越大,中间区受环箍效应的影响就越小(且高宽比越大越容易产生偏心受压),测得的强度值也越小,故相同受压面积的棱柱体试件的抗压强度要比立方体试件的抗压强度小。如混凝土的轴心抗压强度(高宽比为 2)大约是其立方体抗压强度(高宽比为 1)的 0.7~0.8 倍。

1.3 实验数据的分析处理

实验测得的原始数据,必须经过一系列科学的分析和处理才能得出正确结论。我们把从获得原始数据起到得出结论为止的数据加工过程称为数据处理。选择恰当的数据处理方法,科学地分析处理实验数据,可以最大限度地减少误差,让实验结果最接近真值,有助于我们正确地了解被测量或被研究对象的客观规律。目前,数据分析处理最常用的方法是数理统计法。

1.3.1 误差

实践告诉我们,当对同一物理量进行反复多次测量时,得到的数值并不一样。测量过程中,由于环境变化、仪器的精确度、方法不完善、人为误读、误算或视觉差等因素的影响,使测得的数值只是客观条件下的近似值,而不是物体的真值。虽然真值永远无法得到,但是可以估计测定值与真值相差的程度,这种测定值与真值之间的差异称为误差。

随着科学水平和人们认知能力的提高,误差可以控制得比较小,但不能完全消除。每次测量都会有误差,如何减少误差,保证实验数据的精准,即成为实验中的重要环节。为此,我们必须做到:①分析误差产生的原因,正确认识误差的性质,以减少测量误差;②科学处理实验数据,正确计算实验结果,以便接近于真值;③合理组织(设计)实验,正确选用仪器,规范操作方法,以便取得理想的结果。

1. 测量及分类

测量就是以同性质的标准量与被测量进行比较,并确定被测量对标准量的倍数。标准量应该是国际上或国家或省部级等单位所公认的、性能比较稳定的量,一般由测量仪器或测量工具来体现。测量包括三要素,即测量对象、测量方法和测量设备。测量的过程包括准备、测量和数据处理三个阶段。

测量方式按测量结果的获取方法可分为三类。

(1) 直接测量。直接测量指从仪器的读数中直接获取测量结果的方法,即把未知量与已知量相比较,直接求得未知量的数值。例如:想获得某物体的长度,根据测量精度的不同,我们选用刻度尺、卷尺、游标卡尺、螺旋测微器等测量其长度。

(2) 间接测量。间接测量是通过直接测量与被测参数有一定函数关系的其他量,间接获得该被测参数量值的方法。即被测未知量不能直接测得,但该未知量可以通过公式与几个变量相联系,将直接测得的各变量值代入公式中,经过计算而得未知量的数值。

例如,混凝土立方体抗压强度(f_{ce})利用式(1-1)计算而得:

$$f_{ce}=\frac{F}{A} \tag{1-1}$$

式中,F 为试件破坏荷载,N;A 为试件承压面积,mm^2。

间接测量是用得最多的一种测量方法,大多数材料性能的测试都是在间接测量的基础上完成的。

(3) 组合测量。组合测量指先直接测量与被测未知量有一定函数关系的某些量,然后在一系列直接测量的基础上,通过联立求解各函数关系来获得测量结果的方法。

2. 误差及分类

测定值与真值之间的差异称为误差。误差的分类方法较多，常常按照误差最基本的性质和特点，将误差分为三大类：系统误差、随机误差和疏忽误差。

1）系统误差

系统误差是由某种确定的原因引起的、按一定规律出现的误差。在同一条件下，多次重复测试同一量时，误差的大小和正负号有较明显的规律。即在测试过程中，始终偏离一个方向，其误差大小和符号相同。其特征是：它不能依靠增加测量次数来消除，一般可通过实验分析方法掌握其变化规律，并按照相应规律采取补偿或修正的方法加以消除。

在一组测试中，如果系统误差很小，那么可以说测试结果是相当准确的。系统误差越小，则表示测试的准确度越高。测试的准确度是由系统误差来描述和表征的。

土木工程材料实验中根据误差的来源，系统误差主要有仪器误差、方法误差、操作误差等。

（1）仪器误差。这是由于仪器本身的缺陷（不够准确）或没有按规定条件使用仪器而造成的。如：仪器的零点不准；仪器未调整好；天平的灵敏度低；砝码本身重量不准确；游标卡尺刻度不精确；万能试验机的刻度盘指针轴不在圆心上而产生的周期变化；外界环境（光线、温度、湿度、电磁场等）对测量仪器的影响等所产生的误差。

（2）方法误差（理论误差）。这是由于实验方法本身所依据的理论不完善或选用的实验方法不当等所带来的误差。

（3）操作误差。这是由于观测者个人感官和运动器官的反应或习惯不同而产生的误差（如某人读数时，视差总偏向一边而造成读数时的误差）。操作误差因人而异，并与观测者当时的精神状态有关。

2）随机误差

随机误差也称为偶然误差或不定误差，是由于在测定过程中一系列相关因素微小的随机波动而形成的具有相互抵偿性的误差。

任何一次测量中，随机误差都是不可避免的，随机误差的大小和正负都不固定。在同一条件下重复进行多次测量就会发现：随机误差的大小、正负各有其特性，但服从一定的统计规律，即绝对值相同的正负随机误差出现的概率大致相等。因此它们之间常能互相抵消，所以可以通过增加平行测定的次数，采用取平均值的办法减小随机误差。

随机误差产生的原因十分复杂，多种多样，如室温、相对湿度和气压等环境条件的不稳定，测试人员的感觉器官的生理变化或操作的微小差异，仪器的不稳定等以及它们的综合影响都可以成为产生随机误差的因素。

在具体测量中，如果数值大的随机误差出现的概率比数值小的随机误差出现的概率低得多，则表示测量结果较为精确，所以用精密度来表征随机误差的离散程度。

3) 疏忽误差

疏忽误差也称过失误差或粗大误差，是由于测试者的疏忽大意，在测定过程中犯了不应有的错误而造成的误差，如操作失误、读数错误、记录错误、计算错误或测试时发生了未察觉的异常情况等。疏忽误差明显地歪曲测量数据，使测试结果完全错误。疏忽误差远远超过同一客观条件下的系统误差和随机误差，这类误差无规律可循，但只要测试者、计算者或审核者养成专心、认真、细致的良好工作作风与习惯，不断提高理论与操作技术水平，疏忽误差是可以避免的。一旦有了疏忽误差，应舍弃有关数据(必要时应重新测试)。

值得注意的是：误差的性质是可以在一定条件下转化的。如压力试验机的示值误差，对成批的压力机来说，是偶然误差。但用某一台压力机来测量材料强度时，示值误差使测量结果始终偏大或偏小，就成为系统误差了。

3. 绝对误差与相对误差

绝对误差是测量值和真值之间的差值，通常简称为误差，它表示测试的准确度。其数值的大小表示偏离程度，其值的正负表明偏离方向。

绝对误差给出的是测量结果的实际误差值，其量纲与被测参数的量纲相同，在对测量结果进行修正时要依据绝对误差的数值。

相对误差是绝对误差与真值之比，通常用百分数(%)表示。具有可比性，更能反映测量的可信程度。

例如：用300kN万能试验机进行钢材抗拉试验，测得的最大荷载为200kN，如绝对误差为1000N，则该测试值的相对误差为

$$\delta_1 = \frac{1000\text{N}}{200\,000\text{N}} \times 100\% = 0.5\%$$

又如：用10kN电子万能试验机测试水泥纤维板抗折强度，测得最大荷载为800N，如绝对误差为4N，则该观测值的相对误差为

$$\delta_2 = \frac{4\text{N}}{800\text{N}} \times 100\% = 0.5\%$$

以上两例中二者的相对误差是相同的，也就是说，它们的准确度是相近的。但如果用绝对误差来表示准确度，就可能会得出错误的结论，误认为后者比前者准

确。由此可见,相对误差具有可比性。

1.3.2 数据的统计特征量

实验表明:相同原材料、相同配合比、同一盘拌制的混凝土,其立方体试件抗压强度并不完全一样。这说明:即使在组成相同和工艺相同的条件下生产出的材料,其性能测试结果也具有一定的波动性。数据虽然有波动,但并非杂乱无章,而是呈现出一定的规律性。为了便于研究实验数据的特征,一般把数据特征分成两类:一类反映数据的集中趋势或集中程度,如平均数、中位数等。另一类反映数据的离散趋势或离散程度,如标准差(均方差)、极差、变异系数等。下面介绍几种常用的数据统计特征量。

1. 算术平均数

算术平均数是指在一组数据中,所有数据之和除以数据的个数。它是反映数据集中趋势的一项指标,也是统计学中最常用的统计量,用来表明各观测值相对集中较多的中心位置。

对某一未知量 M 测定 n 次,测得的一组数据为 $X_1,X_2,\cdots,X_n$,则其算术平均数的计算公式为

$$\overline{M}=\frac{X_1+X_2+\cdots+X_n}{n}=\frac{1}{n}\sum_{i=1}^{n}X_i \tag{1-2}$$

式中,$\overline{M}$ 为算术平均数。

算术平均数是一个良好的集中量数,具有反应灵敏、确定严密、简明易解、计算简单、适合进一步演算和较小受抽样变化的影响等优点,它是未知量总体真值的最精确推定值。测试的次数越多,误差的代数和越接近零,算术平均数也就越接近真值。但算术平均数易受极端数据(个别较大或较小的数据)的影响,极端数据的出现,会使平均数的真实性受到干扰,这是因为平均数反应灵敏,每个数据的或大或小的变化都会影响到最终结果。

2. 标准差

标准差也称为均方差,是观测值与其平均数离差平方的算术平均数的平方根,也就是方差的平方根。标准差 σ 用式(1-3)计算:

$$\sigma=\sqrt{\frac{\sum_{i=1}^{n}(X_i-\overline{X})^2}{n-1}}=\sqrt{\frac{\sum_{i=1}^{n}X_i^2-n\overline{X}}{n-1}} \tag{1-3}$$

采用算术平均数来处理观测结果,不能反映观测值的误差大小,但如果计算中

有了平方的程序，不管是正误差还是负误差，都变成正数，不会相互抵消。这样就可以看出一组等准确度测量系列中观测值的变异程度。所以标准差是一组数据算术平均数分散程度的一种度量。算术平均数相同的两组数据，标准差未必相同。标准差越小，表明数据越聚集，代表这些数值越接近算术平均数；标准差越大，表明数据越离散，代表大部分数值与其算术平均数之间的差异较大。

3. 变异系数

变异系数又称离散系数，是标准差与算术平均数之比。变异系数 C_v 用式(1-4)计算：

$$C_v = \frac{\sigma}{\overline{X}} \times 100\% \tag{1-4}$$

变异系数是衡量各观测值变异程度的另一个统计量。当进行两组或多组数据变异程度的比较时，如果度量单位与算术平均数相同，可以直接利用标准差来比较；如果度量单位和(或)算术平均数不同，就不能采用标准差比较其变异程度，而应采用变异系数来比较更合理。所以变异系数可以消除度量单位和(或)算术平均数的不同对两组或多组数据变异程度比较的影响。

变异系数的大小，同时受标准差和算术平均数两个统计量的影响，因而在使用变异系数表示变异程度时，最好将标准差和算术平均数也列出。

1.3.3 数据处理法则

在试验过程中，由于测量结果总是含有误差，所以在记录和进行数字运算时，必须注意计量数字的位数，位数过多会使人误以为测量精度很高，位数过少则会损失精度，数据处理一般应遵循以下规则。

1. 有效数字及测量数值的记录

有效数字是指在一个数中，从该数的左边第一个非零数字起，直到末尾数字止的所有数字。例如0.61的有效数字有2位，分别是6和1；0.610的有效数字有3位，分别是6、1和0；0.6100的有效数字有4位，分别是6、1、0和0。

为了取得精确的实验结果，不仅要准确测试，还要正确记录。所谓正确记录是指记录实验中所测数值的位数。因为数值的位数不仅表示数字的大小，也反映测量的准确程度。也就是说，测量结果所记录的数值，其有效数字的位数应与所用仪器测量的准确度相适应。

记录测量数值时，应在按测量仪器最小分度值读取后再估读一位，因此，实验记录的测量数据，只有最后一位有效数字是欠准数字(估读数字)。例如：用最小分度值为 1mm 的钢直尺去测量混凝土标准立方体试件的边长，其边长可能为 151.6mm、150.8mm、150.3mm 等，小数点后的那一位数字是估读数字。从这个例子也可以看出有效数字是和仪器的准确程度有关的。

综上可知：实验中测得的数字与数学上的数字是不一样的。如数学上数字：0.61＝0.610＝0.6100，而实验中数字：0.61≠0.610≠0.6100。

2. 数值修约规则

在科学技术与生产活动中，实验测定和计算得到的各种数值需要修约时，应按 GB/T 8170—2008《数值修约规则与极限数值的表示和判定》进行。数值修约进舍规则如下。

(1) 拟舍弃数字的最左一位数字小于 5 时，则舍去，保留其余各位数字不变。

例如：将 12.1498 修约到一位小数，得 12.1。

(2) 拟舍弃数字的最左一位数字大于或等于 5，且其后有非 0 数字时，则进 1，即保留数字的末位数字加 1。

例如：将 12.68 修约到个位数，得 13；将 10.502 修约到个数位，得 11。

(3) 拟舍弃数字的最左一位数字为 5，且其后无数字或皆为 0 时，若所保留的末位数字为奇数(1、3、5、7、9)则进 1，即保留数字的末位数字加 1；若所保留的末位数字为偶数(0、2、4、6、8)，则舍去。

例 1：修约间隔为 0.1。

拟修约值	修约值
1.05	1.0
0.350	0.4

例 2：修约间隔为 1000(或 10^3)。

拟修约值	修约值
2500	2×10^3(特定场合可写为 2000)
3500	4×10^3(特定场合可写为 4000)

“特定场合”是指修约间隔明确时。

例 3：将下列数字修约成两位有效位数。

拟修约值	修约值
0.0325	0.032
32 500	32×10^3(特定场合可写为 32 000)

(4) 负数修约时，先将它的绝对值按上述规定进行修约，然后在修约值前面加上负号。

例如：将下列数修约到“十”数位。

拟修约值	修约值
−355	−36×10(特定场合可写为−360)

(5) 拟修约数字应在确定修约间隔或指定修约位数后一次修约获得结果，不得多次按上述规则连续修约。

例如：修约15.4546，修约间隔为1。

正确的做法：15.4546→15。

不正确的做法：15.4546→15.455→15.46→15.5→16。

(6) 在具体实施中，有时测试与计算部门先将获得数值按指定的修约数位多一位或几位报出，而后由其他部门判定。为避免产生连续修约的错误，应按下述步骤进行：①报出数值最右的非零数字为5时，应在数值右上角加"+"或"−"或不加符号，以分别表明已进行过舍、进或未舍未进。例如：16.50^+表示实际值大于16.50，经修约舍弃为16.50；16.50^-表示实际值小于16.50，经修约进1为16.50。②如对报出值需要进行修约，当拟舍弃数字的最左一位数字为5，且其后无数字或皆为0时，数值右上角有"+"者进1，有"−"者舍去，其他仍按上述规则进行。

例如：将下列数字修约到个数位(报出值多留一位至一位小数)。

实测值	报出值	修约值
15.4546	15.5^-	15
16.5203	16.5^+	17
17.5000	17.5	18
−15.4546	-15.5^-	−15

(7) 0.5单位修约。将拟修约数值X乘以2，按指定修约间隔对$2X$依上述规定进行修约，所得数值($2X$修约值)再除以2。

例如：将下列数字修约到个数位的0.5单位修约。

拟修约数值 X	乘2 $2X$	$2X$修约值 (修约间隔为1)	X修约值 (修约间隔为0.5)
60.25	120.50	120	60.0
60.38	120.76	121	60.5
−60.75	−121.50	−122	−61.0

(8) 0.2单位修约。将拟修约数值乘以5，按指定修约间隔对$5X$依上述规定进行修约，所得数值($5X$修约值)再除以5。

例如：将下列数字修约到"百"数位的0.2单位修约。

拟修约数值 X	乘5 $5X$	$5X$修约值 (修约间隔为100)	X修约值 (修约间隔为20)
830	4150	4200	840

842	4210	4200	840
—930	—4650	—4600	—920

3. 有效数字运算法则

在有效数字的运算过程中，为了不因运算而引进误差或损失有效数字，影响测量结果的精确度，并尽可能地简化运算过程，应遵循以下运算规则。

(1) 小数的加减运算。先按小数点后位数最少的数据保留其他各数的位数，再进行加减运算，计算结果应保留的小数点后的位数与原来数字中小数点后的位数最少的那个相同。

例如：0.0216、16.84、2.368 85 三个数字相加，小数点后位数最少的数据是16.84(小数点后两位数)，所以先将0.0216修约到0.02，将2.368 85修约到2.37，然后再加，正确的计算为

$$0.0216+16.84+2.36885\approx0.02+16.84+2.37=19.23$$

计算结果也保留至小数点后两位。

(2) 小数的乘除运算。先按有效数字最少的数据保留其他各数，再进行乘除运算，计算结果应保留的有效数字的位数与原来数字中有效数字位数最少的那个相同。

例如：0.0216、16.84、2.368 85 三个数相乘，其中有效数字最少的数是0.0216(三位有效数字)，所以其他各数也应保留三位有效数字，然后再相乘，正确的计算为

$$0.0216\times16.84\times2.36885\approx0.0216\times16.8\times2.37=0.860$$

计算结果也保留三位有效数字。

(3) 小数的乘方、开方运算。计算结果应保留的有效数字的位数和原来数字(底数)的有效位数相同。

例如：$150.6^2=22\,680.36$，150.6有4位有效数字，所以计算结果应保留4位有效数字，应取2.268×10^4。

(4) 同时需作几种运算时，对需要作中间计算的数字所保留的位数，应比单一运算时所应保留的位数多一位。

1.4 实验基本任务与要求

1.4.1 基本任务

土木工程材料实验是《土木工程材料》课程的实践性教学环节，它的基本任

务是：

(1) 使学生掌握常用土木工程材料的基本实验方法、手段，获得必要的实验操作技能，学会正确使用相关实验设备。

(2) 熟悉主要土木工程材料的标准、规范与技术要求，进一步了解具体材料的性状，具有对常用土木工程材料进行品质评定与质量检定的能力。

(3) 掌握处理实验数据的正确方法，具备科学分析实验结果、规范编写实验报告的能力。树立实事求是的科学态度和严谨的工作作风。

(4) 通过设计性实验（如“普通混凝土配合比设计实验”）培养学生运用所学理论进行科学研究的能力（如查阅文献的能力，设计实验的能力，发现问题、分析问题、解决问题的能力）。

总之，通过实验教学，巩固和加深对所学理论知识的理解，培养学生的工程实践能力和创新能力，为今后参与建筑工程设计、施工、检测、监理和科研等相关工作打下良好的基础。

1.4.2 基本要求

1. 对实验指导老师的要求

(1) 精心准备实验。在实验前，所需实验器具、实验材料等及时准备到位，实验设备调试至正常状态。实验主讲老师要备好实验教案。

(2) 悉心指导实验。首先按事先备好的实验教案，从实验目的、实验原理、关键操作和设备的使用（演示操作）等几方面讲解，把学生实验中容易疏忽和出错的地方，作为“注意事项”单独列出讲解，可以通过提问方式检查学生预习实验情况。整个实验教学过程中，指导老师应始终在实验室巡视学生的实验情况。指导老师要做到“三勤”：腿勤（巡视发现问题）、嘴勤（释疑或解答问题）、手勤（纠正不规范的实验操作）。

(3) 用心总结实验。认真批改每一份实验报告，对不符合要求的实验报告要通知到个人，指出报告中的问题与错误，并退回重写，直至满足要求为止。注重留意总结学生在实验操作中、在实验报告的数据处理中所犯的共性错误，以便在下一届学生实验时特别指出，避免学生再犯同样错误。

(4) 注重实验安全与纪律教育。实验教学的第一讲应该是安全教育，重点告诉学生水、电、气、危化品、高温设备、特种仪器设备等安全使用常识及应急处理措施。强调实验室纪律，严肃批评并制止少数学生在实验室内的嬉笑、打闹行为，以防意外人身伤害；防止个别学生在实验中玩手机、游荡、闲逛等违纪行为。

2. 对学生的要求

(1) 实验前必须预习相关实验内容，写好预习报告(预习报告应有：实验目的、实验原理和操作要点等基本内容)，应对实验所用的仪器与材料有基本的了解，并准备好实验数据记录表格。

(2) 认真听老师讲解操作要领、实验注意事项和仪器设备的使用方法，以做到实验操作规范、设备使用正确，少犯或不犯某些错误，力求实验数据准确。

(3) 实验的过程中要严格遵守实验操作规程，仔细观察实验现象，认真做好实验记录。数据记录应清晰、工整、无遗漏。特别要树立实事求是的科学态度(绝不能篡改实验数据)。

(4) 科学分析实验结果，写好实验报告。实验报告应包含：原始数据、数据处理过程、计算结果、实验结论及思考题解答等核心内容。

(5) 对设计性实验、综合性实验等提高型实验，应提前查阅文献，做好理论推导与计算，缜密设计实验步骤，并通过实验发现问题(设计是否合理)、分析问题(偏离预期结果的原因)、解决问题(调整、完善设计思路)，以提高科学研究能力。

3. 学生实验守则

(1) 实验前必须进行预习，教师可抽查预习报告，并就实验目的、实验原理及操作要点等随机提问。经检查预习不符合要求者，指导老师有权不准其参加本次实验，并定期补做。

(2) 实验课不得迟到、早退和无故缺席，请假应事先备好假条(假条须有班主任或辅导员签字)交给指导教师。

(3) 实验开始前，先检查仪器设备是否完好，非指定设备不得动用，设备有故障不得凑合使用。

(4) 实验中不得做与实验无关的事(如玩手机、读报、翻阅杂志等)。不得大声喧哗，禁止乱扔垃圾(纸片、杂物等)和随地吐痰，不得随意走动，不得打闹，严禁吃零食与吸烟。

(5) 实验过程中，应特别注意安全问题，避免设备伤人；避免触电、中毒、烧(烫)伤等事故；避免同学间相互嬉戏、打闹而发生意外伤害。发现安全隐患应立即报告指导教师。

(6) 实验进行时应仔细观察现象，认真记录数据，以求得出正确的结果和结论。如果是以实验小组为单位开展实验，组内成员间要分工明确且配合默契。最终实验数据需经指导老师审核认可后，方可结束本次或本项目实验。

(7) 整个实验过程中，注意节约用水、用电，爱护实验设备和室内一切财产，室内物品未经保管人员同意不得随意搬运或带出。

(8) 结束实验后，应及时切断电源、水源或气源等，将所用仪器、器具等收拾整齐，归放至合适位置，打扫实验室卫生。经指导老师检查通过后，方可离开实验室。

第2章 土木工程材料基本实验

2.1 土木工程材料的基本性质实验

土木工程材料的基本性质是指材料处于不同的使用条件和环境时，通常必须考虑的最基本的共有性质，主要包括材料的基本物理性质、基本力学性质和耐久性等。为了在建筑工程中科学合理地选择和使用材料，必须掌握材料的有关基本性质。

本节主要介绍了土木工程材料几个重要的基本物理性质检测、实验方法。材料的基本力学性质（抗压强度、抗折强度、抗拉强度等）和耐久性（抗渗性、抗冻性等）在本章和第 3 章中都有涉及。

2.1.1 密度的测定

密度是指材料在绝对密实状态下，单位体积的质量。材料在绝对密实状态下的体积，指不包括材料孔隙在内的体积。因此，在测定材料的密度时，应把材料磨成细粉（排除孔隙），干燥后用李氏比重瓶测定其体积。材料磨得越细，测得的密度数值就越准确。

1. 实验目的

测定材料密度，用来计算材料的孔隙率和密实度。而材料的吸水性、强度、耐久性等都与其孔隙的多少及孔隙特征有关。

2. 仪器设备

李氏比重瓶（图 2-1）、筛子（孔径 0.20mm 或 900 孔/cm^2）、烘箱、干燥器、天平（称量 500g，感量 0.01g）、温度计、漏斗、小勺等。

3. 实验步骤

(1) 将试样粉碎、研磨、过筛后放入烘箱中，在 100℃±5℃的温度下烘干至恒重。烘干后的粉料存放在干燥器中冷却至室温，以待取用。

(2) 在李氏比重瓶中注入煤油或其他对试样不起反应的液体至突颈下部，将李氏比重瓶放入恒温水槽内(水温必须控制在李氏比重瓶标定刻度时的温度，一般为20℃)，使刻度部分浸入水中，恒温0.5h。记下李氏比重瓶的第一次读数 V_1(准确到0.05mL，下同)。

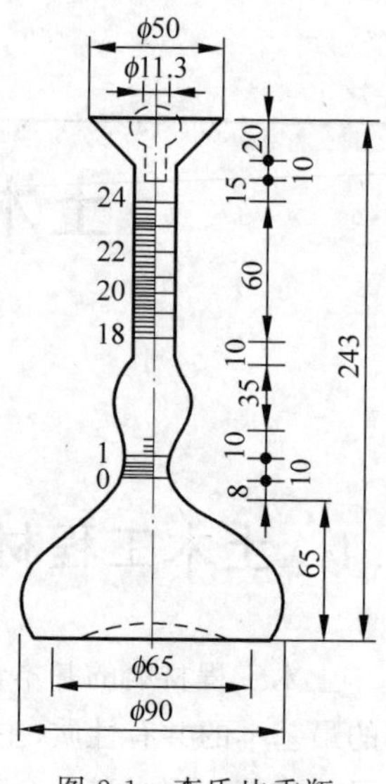

图 2-1 李氏比重瓶

(3) 用感量为0.01g的天平准确称取60～90g试样 m_1。用小勺和漏斗将试样徐徐送入李氏比重瓶内(不能大量倾倒，否则会妨碍李氏比重瓶中的空气排出，或在咽喉部位堵塞，妨碍粉末的继续下落)，使液面上升至20mL左右的刻度为止。注意勿使试样黏附于液面以上的瓶颈内壁上(可用瓶内的液体将黏附在瓶颈内壁上的试样洗入瓶内的液体中)。摇动李氏比重瓶，排出其中空气，至液体不再发生气泡为止。

(4) 将李氏比重瓶再放入恒温水槽中，在相同温度下恒温0.5h，记下李氏比重瓶的第二次读数 V_2，准确称取剩下的试样质量 m_2。

4. 结果计算

(1) 试样密度 ρ 按下式计算(精确至0.01g/cm³)：

$$\rho=\frac{m_1-m_2}{V_2-V_1} \tag{2-1}$$

式中，m_1 为试样总质量，g；m_2 为剩余的试样质量，g；V_1 为李氏比重瓶注入液体后的第一次读数，cm³；V_2 为李氏比重瓶加入试样后的第二次读数，cm³。

(2) 以两次实验结果的算术平均值作为测定值，如两次实验结果相差大于0.02g/cm³ 时，应重新取样进行实验。

5. 实验记录

密度实验记录见表2-1。

表 2-1 密度实验记录

实验编号	试样总质量 m_1/g	剩余试样质量 m_2/g	初始液面读数 V_1/mL	加入试样后液面读数 V_2/mL	密度 ρ/(g·cm⁻³)	密度平均值 $\bar{\rho}$/(g·cm⁻³)

2.1.2 表观密度的测定

表观密度是指材料在自然状态下的单位体积的质量。材料在自然状态下的体积,指包含材料内部孔隙的体积。外形规则的材料,可直接按外形尺寸计算出体积(表观体积),用质量除以表观体积求得表观密度。外形不规则的材料可加工成规则外形后求得体积或用蜡封表面,再用排液法测体积。

当材料孔隙内含有水分时,其质量和体积均有所变化,故测定表观密度时,必须注明其含水情况。表观密度一般是指材料在气干状态下(在空气中干燥)的测定值。干表观密度是指材料在烘干状态下的测定值。

1. 实验目的

测定表观密度,为计算材料的孔隙率、确定构件自重及材料的体积提供必要的数据。

2. 仪器设备

天平(称量 1000g、感量 0.01g)、游标卡尺(精度 0.01cm)、烘箱等。

3. 实验步骤

(1) 将材料加工成具有规则几何形状的试件(5 个)后放入烘箱内,以 100℃±5℃的温度烘干至恒重,取出放入干燥器内,冷却至室温待用。

(2) 用游标卡尺量测其尺寸(精确至 0.01cm),并计算其体积 V_0。然后再用天平称其质量 m(精确至 0.01g)。

(3) 求试件体积 V_0 时,如试件为立方体或长方体,则每边应在上、中、下三个位置分别量测,求其平均值,然后再按式(2-2)计算体积:

$$V_0=\frac{a_1+a_2+a_3}{3}\times\frac{b_1+b_2+b_3}{3}\times\frac{c_1+c_2+c_3}{3} \tag{2-2}$$

式中,a、b、c 分别为试件的长、宽、高,cm。

(4) 求试件体积时,如试件为圆柱体,则在圆柱体上、下两个平行切面上及试件腰部,按两个互相垂直的方向量测其直径,求 6 次量测的直径平均值 d,再在互相垂直的两直径与圆周交界的 4 点上量测其高度,求 4 次量测的平均值 h,最后按式(2-3)求其体积:

$$V_0=\frac{\pi d^2}{4}\times h \tag{2-3}$$

式中,d 为直径平均值,cm;h 为高度平均值,cm。

4. 结果计算

(1) 按式(2-4)计算其表观密度 ρ_0(精确至 $10kg/m^3$):

$$\rho_0 = \frac{1000m}{V_0} \tag{2-4}$$

式中,m 为试样质量,g;V_0 为试样体积,cm^3。

(2) 以5个试件测得结果的平均值为最后结果。

5. 实验记录

表观密度实验记录见表2-2。

表2-2 表观密度实验记录

实验编号	质量 m/g	试件长度 a/cm			试件宽度 b/cm			试件高度 c/cm			试件体积 V_0/cm^3	表观密度 $\rho_0/(kg \cdot m^{-3})$	表观密度平均值 $\overline{\rho_0}/(kg \cdot m^{-3})$
		a_1	a_2	a_3	b_1	b_2	b_3	c_1	c_2	c_3			

2.1.3 堆积密度的测定

堆积密度是指散粒或粉状材料(如砂、石、水泥、粉煤灰等)在堆积状态下的单位体积的质量。测定散粒材料的堆积密度时,按一定的方法将散粒材料装入特定的容器中,则堆积体积为容器的体积,材料的质量为填充在此容器内的材料质量。

1. 实验目的

测定堆积密度可以用来估算散粒材料的堆积体积及质量,估计材料级配情况。

2. 仪器设备

标准容器(金属容量筒)、天平(感量0.1g)、烘箱、干燥器、漏斗、钢尺等。

3. 实验步骤

(1) 将试样放在100℃±5℃的烘箱中烘至恒重,再放入干燥器中冷却至室温待用。

(2) 称量标准容器的质量 m_1，将其放在不受振动的浅盘中，用料斗将试样徐徐装入标准容器内(漏斗出料口距容器口约为 50mm)，直至试样装满并超出容器口。

(3) 用钢尺将多余的试样沿容器口中心线向两边刮平，称容器和试样总质量 m_2。

4. 结果计算

(1) 按式(2-5)计算其堆积密度 ρ_0'(精确至 10kg/m^3)：

$$\rho_0' = \frac{m_2 - m_1}{V_0'} \tag{2-5}$$

式中，m_1 为标准容器的质量，kg；m_2 为标准容器和试样总质量，kg；V_0'为标准容器的体积，m^3。

(2) 以两次测得结果的平均值为最后结果。如两次实验结果相差大于 30kg/m^3 时，应重新取样进行实验。

5. 实验记录

堆积密度实验记录见表 2-3。

表 2-3 堆积密度实验记录

实验编号	标准容器质量 m_1/kg	标准容器和试样总质量 m_2/kg	标准容器体积 V_0'/m^3	堆积密度 $\rho_0'/(\mathrm{kg}\cdot\mathrm{m}^{-3})$	堆积密度平均值 $\overline{\rho_0'}/(\mathrm{kg}\cdot\mathrm{m}^{-3})$

2.1.4 吸水率的测定

吸水率表示材料的吸水性。材料吸水率的大小，主要取决于材料孔隙的大小和特征。粗大孔隙水分不易保留，封闭孔隙(闭口孔)水分不易渗入，只有孔隙连通(开口孔)且孔径微小的材料，其吸水率才较大。

1. 实验目的

测定吸水率可计算出材料内部开口孔隙的体积，进而判定材料抗渗、抗冻等性能。

2. 仪器设备

天平(称量 1000g，感量 0.01g)、水槽、烘箱等。

3. 实验步骤

(1) 将试件置于烘箱中，在100℃±5℃的温度下烘至恒重，称其质量 m_g。

(2) 将试件放在水槽中，水槽底部可放些垫条(如玻璃棒)，使试件底面与槽底不至于紧贴，使水能够自由进入。

(3) 加水至试件高度的1/3处；过2h后，加水至试件高度的2/3处；再过2h加满水并高出试样顶面20mm以上，放置24h。这样逐次加水能使试件孔隙中的空气逐渐逸出。

(4) 取出试件，用拧干的湿布擦去表面水分，称其质量 m_b。

(5) 为了检查试件吸水是否饱和，将试件再次浸入水中，放置24h重新称量，如此反复将试件浸水和称量，直至试件浸水至恒重(质量之差不超过0.05g)。

4. 结果计算

(1) 按式(2-6)、式(2-7)计算吸水率，精确到0.01%。

质量吸水率 $W_{质}$：

$$W_{质}=\frac{m_b-m_g}{m_g}\times 100\% \tag{2-6}$$

体积吸水率 $W_{体}$：

$$W_{体}=\frac{V_1}{V_0}\times 100\%=\frac{m_b-m_g}{m_g}\cdot\frac{\rho_0}{\rho_{水}}\times 100\%=W_{质}\ \rho_0 \tag{2-7}$$

式中，m_b 为试件吸水饱和时的质量，g；m_g 为试件干燥时的质量，g；V_1 为试件吸水饱和时水的体积，cm^3；V_0 为干燥试件自然状态时的体积，cm^3；ρ_0 为试件的表观密度，g/cm^3；$\rho_{水}$ 为水的密度，常温时 $\rho_{水}=1g/cm^3$。

(2) 以三个试件吸水率平均值作为测定结果。

5. 实验记录

吸水率实验记录见表2-4。

表2-4 吸水率实验记录

实验编号	试件干燥时质量 m_g/g	试件吸水饱和时质量 m_b/g	质量吸水率/%	质量吸水率平均值/%

2.1.5 软化系数的测定

软化系数反映材料的耐水性(抵抗水破坏作用的性质),软化系数越大表明材料的耐水性越好。用于水中、潮湿环境中的重要结构材料,必须选用软化系数不低于 0.85 的材料(耐水性材料);用于受潮湿较轻或次要结构的材料,软化系数不宜小于 0.70;处于干燥环境的材料可以不考虑软化系数。根据建筑物所处的环境,软化系数成为选择材料的重要依据。

1. 实验目的

测定材料的软化系数,评定材料的耐水性能。

2. 仪器设备

压力试验机(1000kN)、游标卡尺、烘箱等。

3. 实验步骤

(1) 将材料加工成规则形状的试样(两组试样,共 10 块),一组(5 块)试样放置在烘箱中,在 100℃±5℃的温度下烘干;另一组(5 块)试样浸水至饱和(检查试样是否吸水饱和可参照吸水率实验部分)。

(2) 用游标卡尺量取各试样尺寸(量取尺寸的方法可参照表观密度实验部分),计算出各试样的受压面积 A。

(3) 将两组试样分别在压力试验机上压至破坏,记录各试样的破坏荷载 P。

4. 结果计算

(1) 计算各试样抗压强度 f(精确至 0.1MPa):

$$f=\frac{P}{A} \tag{2-8}$$

(2) 计算软化系数 K(精确到 0.01):

$$K=\frac{\bar{f}_{b}}{\bar{f}_{g}} \tag{2-9}$$

式中,P 为破坏荷载,N;A 为受压面积,mm^2;$\bar{f}_b$ 为吸水饱和试样抗压强度平均值,MPa;$\bar{f}_g$ 为干燥试样抗压强度平均值,MPa。

5. 实验记录

软化系数实验记录见表 2-5。

表 2-5 软化系数实验记录

试样状态	实验编号	破坏荷载/kN	受压面积/mm^2	抗压强度/MPa	抗压强度平均值/MPa	软化系数
吸水饱和状态						
干燥状态						

2.1.6 实验注意事项

1. 实验难点

(1) 密度实验时,往李氏比重瓶中送入试样容易堵塞咽喉部位,因此要用小勺和漏斗将试样徐徐送入。

(2) 送入的试样容易黏附于液面以上的李氏比重瓶瓶颈内壁上。可用瓶内的液体将黏附在瓶颈内壁上的试样洗入瓶内的液体中。

(3) 堆积密度实验时试样表面难以完全刮平。通过漏斗装入试样时,使试样装满并超出容器口,在容器口堆积成类似小山丘形状,再用刮尺从容器中间向两边刮平。

2. 容易出错处

(1) 游标卡尺的读数应仔细。

(2) 应排尽(通过轻轻摇晃瓶身)李氏比重瓶内液体中的气泡后再读取液面读数(不能急于读数)。在排除空气时,可从瓶外观察到气泡从液体内徐徐上升至液体表面然后消失。

(3) 密度实验所用的液体不能与被测物质发生反应。

(4) 堆积密度实验时,标准容器不能受到振动,刮平试样表面不能从容器的一边刮向另一边,应从中间向两边刮。

(5) 密度、表观密度和堆积密度的计算应注意到单位的换算(注意单位的统一)。

(6) 吸水率测定应分三次加水(每次加水至试件高度的 1/3 处,这样逐次加水能使试件孔隙中的空气逐渐逸出),不可一次加满水。

实验思考题

1. 拟对水泥、粉煤灰、砂子等三种材料进行密度测定,应分别选用何种液体作为介质?

2. 进行材料基本性质实验时(如密度、表观密度、堆积密度、吸水率等测定),在准备试样阶段均要将试样烘至恒重(恒量),请问什么是恒重(恒量)?

3. 某同学两次测得试样的密度分别为 3.01g/cm^3 和 3.05g/cm^3,于是取平均值为 3.03g/cm^3 作为实验结果,这样处理数据对吗?为什么?

4. 现有一块外形规则的长方体试件,请拟定实验方案,测定该试件的开口孔隙率与闭口孔隙率(写出主要实验步骤与计算公式)。

2.2 水泥实验

水泥作为现代建筑工程主要的水硬性胶凝材料,其性能合格与否直接关系到建筑工程质量。水泥的技术指标主要有:细度、标准稠度用水量、凝结时间、安定性、胶砂强度等,本节主要介绍这些技术指标的实验、检测方法以及水泥品质评定的标准与依据。

2.2.1 水泥实验的一般规定

(1) 以同一水泥厂、同品种、同强度等级、同一批号且连续进场的水泥为一个取样单位。袋装水泥不超过 200t 为一批,散装水泥不超过 500t 为一批。取样应有代表性,可连续取,亦可从 20 个以上不同部位取等量样品,总量至少 12kg。

(2) 试样应充分拌匀,并通过 0.9mm 方孔筛,记录筛余百分数及筛余物情况。

(3) 实验室温度为 20℃±2℃,相对湿度大于 50%;养护箱温度为 20℃±1℃,相对湿度大于 90%;养护池水温为 20℃±1℃。

(4) 水泥试样、标准砂、拌和水及仪器用具的温度应与实验室温度相同。

2.2.2 水泥细度的测定(筛析法)

水泥细度是指水泥颗粒的粗细程度,它直接影响水泥的水化、凝结硬化、水化热、早期强度、干缩等性质。

水泥细度检验有比表面积法和筛析法，本实验主要介绍筛析法。筛析法有负压筛法、水筛法和手工干筛法三种，当三种方法测定结果发生争议时，以负压筛法为准。

三种方法都采用特定的筛（具有一定的方孔边长）作为试验用筛，用筛网上所得筛余物的质量占试样原始质量的百分数来表示水泥的细度。

1. 实验目的

通过测定水泥的细度，作为评定水泥品质的指标之一。

2. 仪器设备

(1) 负压筛法。负压筛析仪（图 2-2）、负压筛［方孔边长 0.08mm 或 0.045mm，图 2-2(b)］、天平（称量 100g，分度值不大于 0.05g）等。

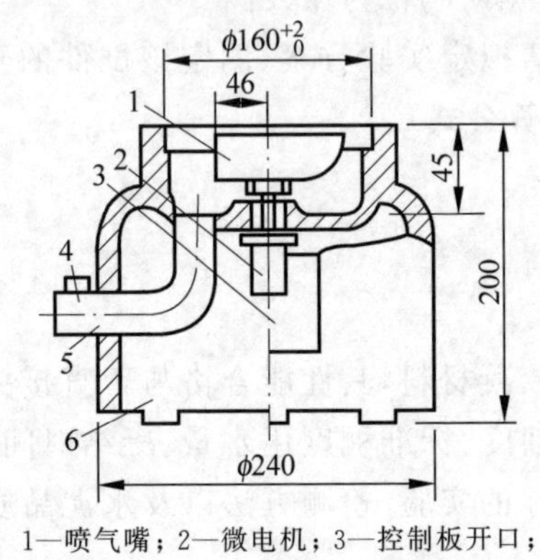

1—喷气嘴；2—微电机；3—控制板开口；4—负压表接口；5—负压源及吸尘器接口；6—壳体。

(a)

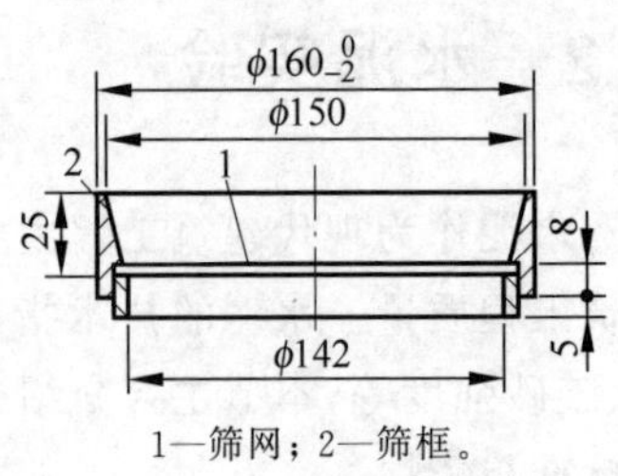

1—筛网；2—筛框。

(b)

图 2-2 负压筛析仪

(a) 筛座；(b) 负压筛

(2) 水筛法。筛子（方孔边长 0.08mm，筛框有效直径 ϕ125mm，高 80mm）、筛座（用于支承筛子，并能带动筛子转动，转速为 50r/min）、喷头（直径 ϕ55mm，面上均匀分布 90 个孔，孔径 0.5～0.7mm）、天平（同负压筛法）。

(3) 手工干筛法。筛子（方孔边长 0.08mm，筛框有效直径 ϕ150mm，高 50mm）、天平（同负压筛法）。

3. 实验步骤

1) 负压筛法

(1) 筛析实验前，把负压筛放在筛座上，盖上筛盖，接通电源，检查控制系统，调节负压至4000～6000Pa。

(2) 称取试样25g(0.08mm负压筛)或10g(0.045mm负压筛),置于洁净的负压筛中,盖上筛盖,放在筛座上,开动筛析仪连续筛析2min。在此期间,如有试样附在筛盖上,可轻轻敲击,使试样落下。筛毕,用天平称量筛余物。

(3) 当工作负压小于4000Pa时,应清理吸尘器内的水泥,使负压恢复正常。

2) 水筛法

(1) 调整好水压(0.05MPa±0.02MPa)及水筛架的位置(喷头底面和筛网之间的距离为35～75mm),使其能正常运转。

(2) 称取试样50g,置于洁净的水筛中,立即用清水冲洗至大部分细粉通过后(冲洗时要将筛子倾斜摆动,既要避免放水过大,将水泥溅出筛外,又要防止水泥铺满筛网,使水通不过筛子)放在水筛架上,用水压为0.05MPa±0.02MPa的喷头连续冲洗3min。

(3) 筛毕,用少量水把筛余物冲至蒸发皿(或烘样盘)中,等水泥颗粒全部沉淀后,小心倒出清水,烘干并用天平称量筛余物。

3) 手工干筛法

(1) 称取试样50g倒入手工干筛内,盖上筛盖。

(2) 用一只手执筛往复摇动,另一只手轻轻拍打,拍打速度每分钟约120次,每40次向同一方向转动60°,使试样均匀分布在筛网上,直至每分钟通过试样量不超过0.05g为止。

(3) 筛毕,用天平称量筛余物。

4) 试验筛的清洗

试验筛必须保持洁净,筛孔通畅,如筛孔被水泥堵塞影响筛余量时,可用弱酸浸泡,用毛刷轻轻刷洗,用淡水冲净,晾干。

4. 结果计算

(1) 水泥试样筛余百分数F按式(2-10)计算(精确至0.1%):

$$F=\frac{R_s}{W}\times 100\% \tag{2-10}$$

式中,R_s为水泥试样筛余物质量,g; W为水泥试样质量,g。

筛析法测得的筛余百分数用以表示矿渣硅酸盐水泥、火山灰质硅酸盐水泥、粉煤灰硅酸盐水泥和复合硅酸盐水泥的细度。

(2) 筛余结果的修正。为使实验结果可比,应采用试验筛修正系数方法修正上述计算结果,修正系数测定方法如下:

用一种已知0.08mm标准筛筛余百分数的粉状试样作为标准样,按负压筛析法操作程序测定标准样在试验筛上的筛余百分数。试验筛修正系数C按式(2-11)

计算(精确至0.01)：

$$C=\frac{F_n}{F_t} \tag{2-11}$$

式中，F_n 为标准样给定的筛余百分数，%；F_t 为标准样在试验筛上的筛余百分数，%。

C 超出0.80～1.20范围的试验筛不能用作水泥细度检验。

水泥试样筛余百分数结果修正按式(2-12)计算：

$$F_c=C\cdot F \tag{2-12}$$

式中，F_c 为水泥试样修正后的筛余百分数，%；C 为试验筛修正系数；F 为水泥试样修正前的筛余百分数，%。

5. 实验记录

细度实验记录见表2-6。

表2-6 水泥细度实验记录(负压筛法)

实验编号	试样质量/g	筛余量/g	筛余百分数/%	筛余百分数平均值/%

2.2.3 水泥标准稠度用水量的测定

水泥标准稠度净浆对标准试杆(或试锥)的沉入具有一定阻力。通过试验不同含水量水泥净浆的穿透性，以确定水泥标准稠度净浆中所需加入的水量。

水泥标准稠度用水量的测定方法有标准法和代用法两种，当结果有矛盾时，以标准法为准。

1. 实验目的

水泥的凝结时间和体积安定性都与用水量有关。为消除实验条件带来的差异，测定凝结时间和体积安定性时，必须采用具有标准稠度的水泥净浆。本实验的目的是为制备标准稠度的水泥净浆确定用水量。

2. 仪器设备

(1) 标准法。水泥净浆搅拌机、标准法维卡仪(图2-3)、标准稠度测定用试杆[图2-3(c)]、试模[图2-3(a)]、天平(称量1000g，分度值不大于1g)、量水器(最小刻度0.1mL)等。

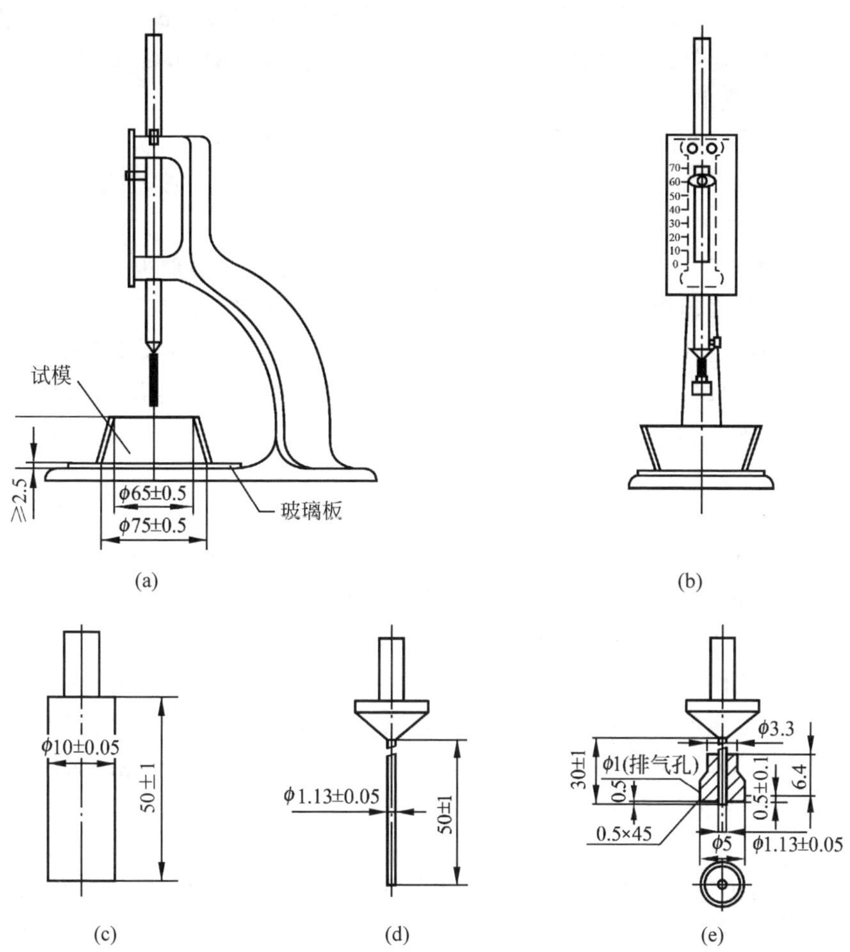

图 2-3 测定水泥标准稠度和凝结时间用的维卡仪(标准法)

(a) 初凝时间测定用试模的侧视图；(b) 终凝时间测定用反转试模的前视图；
(c) 标准稠度试杆；(d) 初凝用试针；(e) 终凝用试针

(2) 代用法。水泥净浆搅拌机、代用法维卡仪、天平(称量 1000g,分度值不大于 1g)、量水器(最小刻度 0.1mL)。

3. 实验步骤

1) 标准法

(1) 实验前,必须对仪器进行检查：维卡仪的金属棒能自由滑动；调整至试杆接触玻璃板时指针对准零点；搅拌机运行正常等。

(2) 称取水泥试样 500g。

(3) 用水泥净浆搅拌机搅拌，搅拌锅和搅拌叶片先用湿布擦过，将拌和水(按经验找水)倒入搅拌锅内，然后在5～10s内小心地将称好的500g水泥加入水中，防止水和水泥溅出。

(4) 拌和时，先将锅放在搅拌机的锅座上，升至搅拌位置，启动搅拌机，低速搅拌120s，停15s，同时将叶片和锅壁上的水泥浆刮入锅中间，接着高速搅拌120s停机。

(5) 拌和结束后，立即将拌制好的水泥净浆装入已置于玻璃板上的试模中，用小刀插捣，轻轻振动数次，刮去多余的净浆，抹平后迅速将试模和底板移到维卡仪上，并将其中心定在试杆下，降低试杆直至与水泥净浆表面接触，拧紧螺丝1～2s后，突然放松，使试杆垂直自由地沉入水泥净浆中。在试杆停止沉入或释放试杆30s时记录试杆距底板之间的距离，升起试杆后，立即擦净；整个操作应在搅拌后1.5min内完成。

2) 代用法

(1) 实验前，必须对仪器进行检查：维卡仪的金属棒能自由滑动；调整至试锥接触锥模顶面时指针对准零点；搅拌机运行正常等。

(2) 水泥净浆的拌制同标准法第2项至第4项。

(3) 拌和结束后，立即将拌制好的水泥净浆装入锥模中，用小刀插捣，轻轻振动数次，刮去多余的净浆；抹平后迅速放到试锥下面固定的位置上，将试锥降至净浆表面，拧紧螺丝1～2s后，突然放松，让试锥垂直自由地沉入水泥净浆中。到试锥停止下沉或释放试锥30s时记录试锥下沉深度。整个操作应在搅拌后1.5min内完成。

(4) 采用代用法测定水泥标准稠度用水量，有调整水量和不变水量两种方法，任选一种方法测定，如有争议时以调整水量法为准。用调整水量法时拌和水量根据经验找水，用不变水量法时拌和水量用142.5mL。

4. 结果计算

1) 标准法

以试杆沉入净浆并距底板6mm±1mm的水泥净浆为标准稠度净浆。其拌和水量为该水泥的标准稠度用水量P，以水泥质量的百分比计，按式(2-13)计算(精确到0.1%)：

$$P=\frac{\text{拌和用水量}}{\text{水泥质量}}\times 100\% \tag{2-13}$$

2) 代用法

(1) 调整水量法。以试锥下沉深度28mm±2mm时的净浆为标准稠度净浆。其拌和水量为该水泥的标准稠度用水量P，按水泥质量的百分比计，计算公式同标准法。

如下沉深度超出范围需另称试样，调整水量，重新实验，直至达到 28mm±2mm 为止。

(2) 不变水量法。根据测得的试锥下沉深度 S(mm)，可从仪器上对应标尺读出标准稠度用水量，也可按式(2-14)计算得到标准稠度用水量 P(%)(精确到 0.1%)：

$$P = 33.4 - 0.185S \tag{2-14}$$

当试锥下沉深度小于 13mm 时，应改用调整水量法测定。

5. 实验记录

标准稠度用水量实验记录见表 2-7。

表 2-7 标准稠度用水量实验记录(标准法)

实验编号	水泥质量/g	加水量/g	试杆沉入净浆并距底板距离/mm	结　论	备注
				该水泥的标准稠度用水量为(列出计算式)：	

2.2.4 水泥凝结时间的测定

水泥凝结时间分初凝时间和终凝时间。为保证水泥在施工时有充足的时间来完成搅拌、运输、振捣、成型等，水泥的初凝时间不宜太短；施工完毕后，又希望水泥尽快硬化，有利于下一步工序的尽早开展，水泥的终凝时间不能过长。初凝时间和终凝时间不合格的水泥为不合格品。

凝结时间以试针沉入标准稠度的水泥净浆至一定深度所需的时间表示。

1. 实验目的

通过测定水泥的凝结时间，评定水泥的品质是否达到标准要求。

2. 仪器设备

凝结时间测定仪(即标准法维卡仪，图 2-3)、水泥净浆搅拌机、湿气养护箱(温度为 20℃±1℃，相对湿度不低于 95%)、天平和量水器(同前)等。

3. 实验步骤

(1) 测定前的准备工作。将圆模放在玻璃板上，调整凝结时间测定仪的试针，使接触玻璃板时指针对准标尺零点。

(2) 试件的制备。以标准稠度用水量加水，按测定标准稠度用水量时制备净浆的方法制成标准稠度净浆，一次装满试模，振动数次刮平，立即放入湿气养护箱内。记录水泥全部加入水中的时间作为凝结时间的起始时间。

(3) 初凝时间的测定。试件在湿气养护箱中养护至加水后 30min 时进行第一次测定。测定时，从湿气养护箱内取出试模放到初凝用试针[图 2-3(d)]下，降低试针与水泥净浆表面接触，拧紧螺丝 1～2s 后，突然放松，试针垂直自由地沉入净浆，观察试针停止下沉或释放试针 30s 时指针的读数。当试针沉至距底板 4mm±1mm 时，为水泥达到初凝状态，水泥全部加入水中至初凝状态的时间为水泥的初凝时间，用 min 表示。

(4) 终凝时间的测定。在完成初凝时间测定后，立即将试模连同浆体以平移的方式从玻璃板取下，翻转 180°，直径大端向上、小端向下放在玻璃板上，再放入湿气养护箱中继续养护。

(5) 取下测初凝时间用的试针，换上测终凝时间用的试针[图 2-3(e)]。

(6) 临近终凝时间时，每隔 15min 测定一次，当试针沉入试体 0.5mm 时，即环形附件开始不能在试体上留下痕迹时，为水泥达到终凝状态，水泥全部加入水中至终凝状态的时间为水泥的终凝时间，用 min 表示。

(7) 测定时应注意，在最初测定的操作时，应轻轻扶持金属柱，使其徐徐下降，以防试针撞弯，但结果以自由下落为准；在整个测试过程中，试针深入的位置至少要距试模内壁 10mm。临近初凝时，每隔 5min 测定一次；临近终凝时，每隔 15min 测定一次，每次测定，不能让试针落入原针孔，每次测试完毕后，须将试针擦净并将试模放回湿气养护箱内，整个测试过程中要防止试模受振。

4. 结果评定

(1) 当初凝用试针沉至距底板 4mm±1mm 时，为水泥达到初凝状态，水泥全部加入水中至初凝状态的时间为水泥的初凝时间(min)。

(2) 当试针沉入试体 0.5mm 时，即环形附件开始不能在试体上留下痕迹时，为水泥达到终凝状态，水泥全部加入水中至终凝状态的时间为水泥的终凝时间(min)。

(3) 到达初凝或终凝时应立即重复测一次，当两次结论相同时，才能定为到达初凝状态或终凝状态。

5. 实验记录

凝结时间实验记录见表 2-8。

表 2-8 凝结时间实验记录

实验开始时间：____时____分

实验编号	初凝时间测定		终凝时间测定	
	测定时间：____时____分	距底板距离/mm	测定时间：____时____分	沉入深度/mm
结论	该水泥初凝时间为：		该水泥终凝时间为：	

2.2.5 水泥安定性的测定

水泥在凝结硬化过程中体积变化的均匀性称为水泥的安定性。若水泥在凝结硬化中体积变化不均匀(即安定性不良)，会使混凝土结构产生膨胀裂缝，可能引起严重的工程事故。因此，同水泥的凝结时间一样，安定性也是水泥的一项必检指标。安定性不合格的水泥为不合格品。

本实验采用沸煮法，用以检验游离 CaO 过多造成的安定性不良。沸煮法又分雷氏法和试饼法。雷氏法是测定水泥标准稠度净浆在雷氏夹中沸煮后的膨胀值，来检验水泥的安定性；试饼法是观察水泥标准稠度净浆试饼沸煮后的外形变化来检验水泥的安定性。

雷氏法是标准法，试饼法是代用法，两者结果有矛盾时，以雷氏法(标准法)为准。

1. 实验目的

测定水泥安定性，以评定水泥的品质是否符合要求。

2. 仪器设备

沸煮箱、雷氏夹膨胀值定仪(图 2-4)、雷氏夹(图 2-5)、天平、量水器和湿气养护箱(同水泥凝结时间的测定)。

3. 实验步骤

(1) 测定前的准备工作。若采用雷氏法，每个雷氏夹需配备质量 75～85g 的玻璃板两块；若采用试饼法，一个样品需准备两块约 100mm×100mm 的玻璃板。每种方法每个试样需成型两个试件。凡与水泥净浆接触的玻璃板和雷氏夹表面都要稍稍涂上一层油。

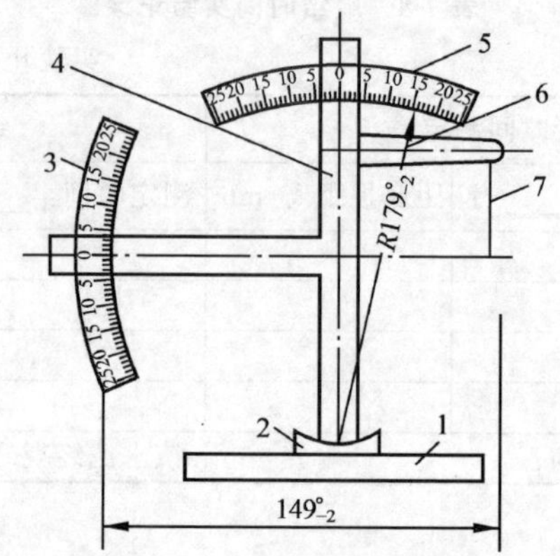

1—底座；2—模子座；3—测弹性标尺；4—立柱；5—测膨胀值标尺；6—悬臂；7—悬丝。

图 2-4 雷氏夹膨胀值测定仪

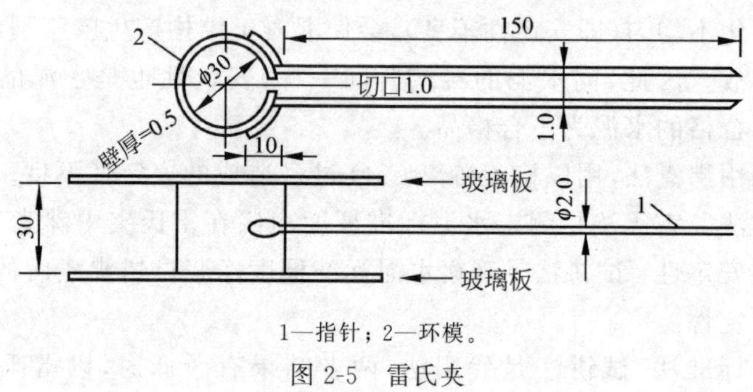

1—指针；2—环模。

图 2-5 雷氏夹

(2) 水泥标准稠度净浆的制备。以标准稠度用水量加水，按测定标准稠度用水量时制备水泥净浆的操作方法制成水泥标准稠度净浆。

(3) 试饼的成型方法。将制定好的净浆取出一部分分成两等份，使之呈球形，放在预先准备好的玻璃板上，轻轻振动玻璃板并用湿布擦过的小刀由边缘向中央抹动，做成直径 70～80mm、中心厚约 10mm、边缘渐薄、表面光滑的试饼，接着将试饼放入湿汽养护箱内养护 24h±2h。

(4) 雷氏夹试件的制备方法。将预先准备好的雷氏夹放在已稍擦油的玻璃板上，并立刻将已制好的标准稠度净浆装满雷氏夹试模，装模时，一只手轻轻扶持试模，另一只手用宽约 10mm 的小刀插捣数次，然后抹平，盖上稍涂油的玻璃板，接着立刻将试件移至湿汽养护箱内养护 24h±2h。

(5) 沸煮。①调整好沸煮箱内的水位，使水位保证在整个过程中都没过试件，无须中途添加实验用水，同时又保证能在 30min±5min 内升至沸腾；②脱去玻璃板，取下试件。

当使用试饼法时，先检查试饼是否完整(如已开裂翘曲，要检查原因，确证无外因时，该试饼已属不合格，不必沸煮)，在试饼无缺陷的情况下，将试饼放在沸煮箱的水中篦板上，然后在 30min±5min 内加热至沸，并恒沸 3h±5min。

当用雷氏法时，先测量试件指针尖端间的距离 A(精确到 0.5mm)，接着将试件放入水中篦板上，指针朝上，试件之间互不交叉，然后在 30min±5min 内加热至沸，并恒沸 3h±5min。

(6) 沸煮结束后，放掉箱中的热水，打开箱盖，待箱体冷却至室温，取出试件进行判别。

4. 结果判别

(1) 若使用试饼法，目测试饼未发现裂缝、裂纹或起皮，用钢直尺检查也没有弯曲的试饼，即认为该水泥安定性合格，反之为不合格。当两个试饼判别结果有矛盾时，该水泥的安定性为不合格。

(2) 若采用雷氏法，测量试件指针尖端间的距离 C，精确至 0.5mm，当两个试件煮后增加距离 $C-A$ 的平均值不大于 5.0mm 时，即认为该水泥安定性合格。当两个试件的膨胀值之差($C-A$)值相差超过 4.0mm 时，应用同一样品立即重做一次实验。若再如此，则认为该水泥安定性不合格。

5. 实验记录

安定性实验记录见表 2-9。

表 2-9 安定性实验记录(雷氏法)

试样编号	针尖距离 A/mm(沸煮前)	针尖距离 C/mm(沸煮后)	膨胀值($C-A$)/mm	膨胀值平均值/mm	结论
					该水泥安定性：

2.2.6 水泥胶砂强度的测定

水泥胶砂强度是指水泥胶砂试体在单位面积上所能承受的外力，它是水泥的一项重要指标，是评定水泥强度等级的依据。水泥又是混凝土的胶结材料，故水泥强度也是水泥胶结力的体现，是混凝土强度的主要来源。

我国从 1999 年开始，水泥胶砂强度按照 GB/T 17671—1999《水泥胶砂强度检验方法(ISO 法)》进行检验。

1. 实验目的

测定水泥各龄期的强度，以评定水泥的强度等级或检验水泥胶砂强度是否满足要求。

2. 仪器设备

胶砂搅拌机、振实台、试模(图 2-6)、播料器及刮平直尺(图 2-7)、抗折试验机、抗压试验机。

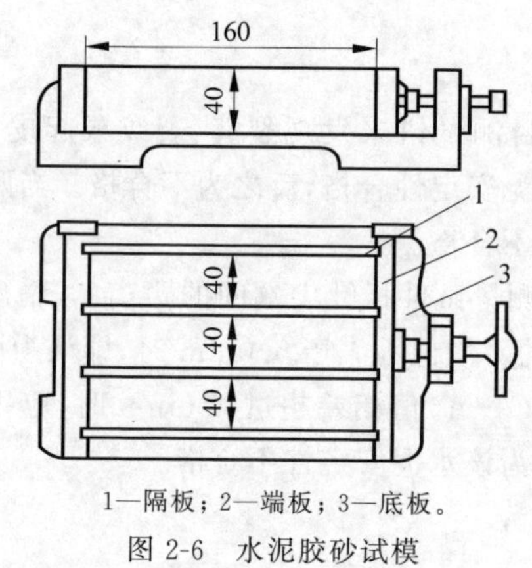

1—隔板；2—端板；3—底板。

图 2-6 水泥胶砂试模

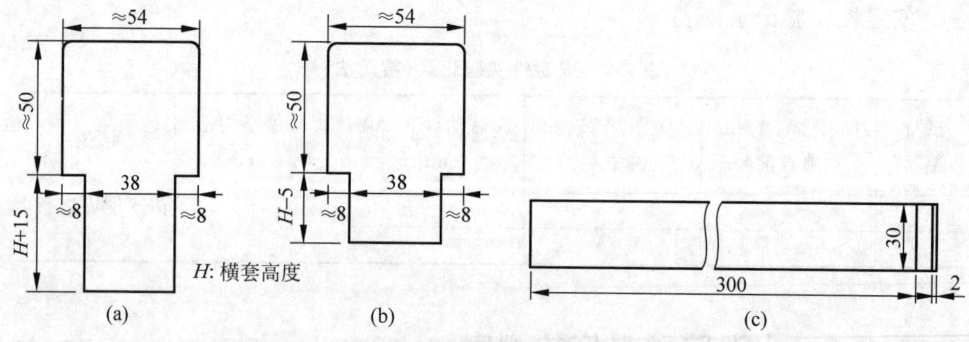

图 2-7 播料器和金属刮平尺

(a) 大播料器；(b) 小播料器；(c) 金属刮平尺

3. 实验步骤

1) 试模的准备

将试模擦净，模板与底板接触处要涂上黄油，紧密装配，防止漏浆，试模内壁均匀刷一薄层机油，便于脱模。

2）胶砂的组成及制备

（1）标准砂。标准砂由 SiO_2 含量不低于 98%的天然圆形硅质砂组成。中国产的 ISO 标准砂符合 ISO 679 中的要求，可以单级分包装，也可以各级预配合以 1350g±5g 量的塑料袋混合包装。

（2）胶砂配合比。胶砂的质量配合比为：水泥∶标准砂∶水＝1∶3∶0.5，一锅胶砂成型三条试体。每锅材料需要量为：水泥 450g±2g；水 225mL±1mL；标准砂 1350g±5g。

（3）搅拌。每锅胶砂用搅拌机进行机械搅拌。先使搅拌机处于待工作状态，操作顺序如下：①把水加入锅里，再加入水泥，把锅放在固定架下，上升至固定位置。②立即开动机器，低速搅拌 30s 后，在第二个 30s 开始的同时均匀地将砂子加入。当各级砂是分装时，从最粗粒级开始，依次将所需的每级砂量加完。把机器转至高速再拌 30s。③停拌 90s，在第一个 15s 内用一胶皮刮具将叶片和锅壁上的胶砂刮入锅中间，在高速下继续搅拌 60s。各个搅拌阶段，时间误差应在 1s 以内。

3）试件的制备

（1）胶砂制备后，立即进行成型。将空试模和模套固定在振实台上，用一个适当勺子直接从搅拌锅里将胶砂分两层装入试模，装第一层时，每个槽里约放 300g 胶砂。

（2）用大播料器[图 2-7(a)]垂直架在模套顶部沿每个模槽来回一次将料层播平，接着振实 60 次。再装入第二层胶砂，用小播料器[图 2-7(b)]播平，再振实 60 次。

（3）移走模套，从振实台上取下试模，用一金属刮平器[图 2-7(c)]以近似 90°的角度架在试模顶部的一端，然后沿试模长度方向以横向锯割动作慢慢向另一端移动，一次将超过试模部分的胶砂刮去，并用同一直尺在近乎水平的情况下将试体表面抹平。

（4）在试模上做标记或加字条标明试件编号和试件相对于振实台的位置。

4）试件的养护

（1）脱模前的处理和养护。去掉留在模子四周的胶砂。立即将做好标记的试模放入雾室或湿箱的水平架上养护，湿气应能与试模各边接触。养护时，不应将试模放在其他试模上，要一直养护到规定的脱模时间取出脱模。脱模前，用防水墨汁或颜料笔对试体进行编号和做其他标记。两个龄期以上的试体在编号时，应将同一试模中的三条试体分在两个以上龄期内。

（2）脱模。脱模应非常小心。对于 24h 龄期的，应在破型实验前 20min 内脱模。对于 24h 以上龄期的，应在成型后 20～24h 脱模。

已确定作为24h龄期实验(或其他不下水直接做实验)的已脱模试体,应用湿布覆盖至做实验时为止。

(3) 水中养护。将做好标记的试件立即水平或竖直放在20℃±1℃水中养护,水平放置时,刮平面应朝上。

试件放在不易腐烂的篦子上,并彼此间保持一定距离,让水与试件的6个面接触。养护期间,试件之间间隔或试体上表面的水深不得小于5mm。

每个养护池只养护同类型的水泥试件。最初用自来水装满养护池(或容器),随后随时加水保持适当的恒定水位,不允许在养护期间全部换水。除24h龄期或延迟至48h脱模的试体外,任何到龄期的试件在实验(破型)前15min从水中取出。揩去试体表面沉积物,并用湿布覆盖至实验为止。

5) 强度实验

(1) 强度实验试体的龄期。试体龄期是从水泥加水搅拌开始实验时算起。不同龄期的强度实验必须在规定的时间内进行(表2-10)。

表2-10 各龄期强度实验的规定时间

龄 期	时 间	龄 期	时 间
24h	24h±15min	7d	7d±2h
48h	48h±30min	>28d	28d±8h
72h	72h±45min		

(2) 抗折强度测定。将试体一个侧面放在试验机支撑圆柱上,试体长轴垂直于支撑圆柱,通过加荷圆柱以50N/s±10N/s的速度均匀地将荷载垂直地加在棱柱体相对侧面上,直至折断。保持两个半载棱柱体处于潮湿状态直至抗压实验。

(3) 抗压强度测定。抗压强度实验通过规定的仪器,在抗折实验折断后的半截棱柱体的侧面上进行。半截棱柱体中心与压力试验机压板受压中心差应在0.5mm内,棱柱体露在压板外的部分约有10mm。在整个加荷过程中,以2400N/s±200N/s的速度均匀地加荷直至破坏。

4. 结果计算

(1) 抗折强度 R_f 按式(2-15)进行计算(精确到0.1MPa):

$$R_f=\frac{1.5F_fL}{b^3} \tag{2-15}$$

式中,F_f 为折断时施加于棱柱体中部的荷载,N; L 为支撑圆柱之间的距离($L=100$mm); b 为棱柱体正方形截面的边长($b=40$mm)。

(2) 抗压强度 R_c 按式(2-16)进行计算(精确到 0.1MPa):

$$R_c = \frac{F_c}{A} \tag{2-16}$$

式中,F_c 为破坏时的最大荷载,N; A 为受压部分面积,mm^2($A=40mm\times40mm$)。

5. 实验结果的确定

(1) 抗折强度结果。以一组 3 个棱柱体抗折结果的平均值作为实验结果。当 3 个强度值中有 1 个超出平均值±10%时,应剔除后再取平均值作为抗折强度实验结果。

(2) 抗压强度结果。以一组 3 个棱柱体上得到的 6 个抗压强度测定值的算术平均值为实验结果,如 6 个测定值中有 1 个超出 6 个平均值的±10%,就应剔除这个测定值,而以剩下 5 个测定值的平均值为实验结果;如果 5 个测定值中再有超过它们平均值±10%的,则此组结果作废。

6. 实验记录

水泥胶砂强度实验记录见表 2-11。

表 2-11 水泥胶砂强度实验记录

龄期	抗折强度实验			抗压强度实验		
	破坏荷载/kN	抗折强度/MPa	平均强度/MPa	破坏荷载/kN	抗压强度/MPa	平均强度/MPa
3d						
28d						
结论	该水泥的强度等级为:					

2.2.7 实验注意事项

1. 实验难点

(1) 水泥净浆搅拌完成后,应在 1.5min 内完成标准稠度用水量测定,不能拖沓造成用时过长,使水泥浆体变稠(水泥遇到水立即发生水化反应),结果不准。

(2) 水泥终凝状态判定:当试针沉入试体 0.5mm 时,即环形附件开始不能在试体上留下痕迹时,为水泥达到终凝状态。临近终凝时,每一次测量都要仔细观察终凝用试针上的环形附件是否留下痕迹。

(3) 测安定性成型雷氏夹试样时,试样容易出现蜂窝、空洞等不密实状况(往往在该实验结束拆除雷氏夹试样后才发现此种状况)。为避免此种状况发生,在装入水泥净浆时要密实填满雷氏夹空间,并用小刀仔细插捣。

(4) 试饼法测安定性时实验结果的判定。煮沸后,目测试饼未发现表面有裂缝、裂纹或起皮现象(观察一定要仔细),用钢直尺检查试饼也没有弯曲(使钢直尺与试饼底部紧靠,以两者间不透光),即认为该水泥安定性合格。当两个试饼判别结果有矛盾时,该水泥的安定性为不合格。

(5) 水泥胶砂抗折强度与抗压强度实验数值的取舍。在确定实验结果时,应仔细研读和理解第 2.2.6 节第 5 条"实验结果的确定"部分。

2. 容易出错处

(1) 筛析法测得的筛余百分数用以表示矿渣硅酸盐水泥、火山灰质硅酸盐水泥、粉煤灰硅酸盐水泥和复合硅酸盐水泥的细度,而硅酸盐水泥和普通硅酸盐水泥的细度以比表面积表示。

(2) 搅拌水泥净浆时,先往搅拌锅中加入一定量的水,再加入 500g 水泥,而非相反。

(3) 应徐徐加入水泥进入搅拌锅的水中,不能加得过急,以防溅出。

(4) 测定雷氏夹数值时,应将其自然放于仪器上,不能用手拿着或掰着针尖测量。

(5) 应经常校准电子天平,连续称量而不校准容易出现称量不准。

(6) 若发现水泥浆太稀,应考虑是天平称量不准所致,立即校准天平后重新称量。

(7) 水泥胶砂试件成型时,用金属直尺一次将超过试模部分的胶砂刮去,并用同一直尺在近乎水平的情况下将试体表面抹平。切忌反复多次来回抹平,抹平次数越少越好。

(8) 水泥胶砂抗压强度实验时，每放置一个试块前，必须将夹具上的水泥渣清理干净，以免影响实验结果。

(9) 应该使用水泥自动抗压试验机做水泥胶砂抗压强度实验(微机软件能自动控制加荷速度为 2400N/s±200N/s)，用其他试验机难以保证准确的加荷速度(因为是手动控制油门加荷)。

(10) 水泥净浆搅拌机自动搅拌计时器容易出现故障，可改为手动挡搅拌，人工计时。

(11) 天平称量不准时应该用标准砝码校准。校准步骤为：先按下"校准"键，出现某一闪烁的数值，放上与该数值对等的标准砝码，然后取下砝码，等待几秒即可归零。

实验思考题

1. 实验测得某水泥的标准稠度用水量为 28.0%，那么测定该水泥凝结时间与安定性时应加多少水拌和成水泥浆？

2. 用试饼法测得水泥的安定性不合格，能否就可以下结论判定该水泥安定性不合格？为什么？

3. 测定水泥凝结时间与安定性时，为什么要把水泥拌和成标准稠度的水泥净浆？

4. 某矿渣硅酸盐水泥，已测得其 3d 强度达到 32.5 级强度要求。现又测得其 28d 抗折、抗压破坏荷载如表 2-12 所示。

表 2-12 水泥 28d 胶砂强度实验记录

试件编号	1		2		3	
抗折破坏荷载/kN	2.7		2.9		2.6	
抗压破坏荷载/kN	64	65	70	66	53	64

计算后判定该水泥能否按 32.5 级的强度等级使用。

5. 仓库内有 3 种白色胶凝材料，它们分别是生石灰粉、建筑石膏和白水泥，用什么简易的实验方法可以辨别？

6. 根据你所测得的水泥试样各项指标，判定该水泥是否满足国家标准要求(在实验报告中写明判定依据)。

2.3 建筑钢筋实验

钢筋混凝土工程中使用的钢材主要有盘条、钢筋、钢丝和钢绞线等，这些钢材是钢筋混凝土的重要受力材料，与混凝土协调工作，主要承受拉应力以及起构造作用。最常用的建筑钢材为热轧光圆钢筋和热轧带肋钢筋。本节着重介绍这两种钢筋的拉伸和弯曲实验方法。

2.3.1 验收与取样

(1) 钢筋应按批进行检查和验收，每批不超过60t。每批应由同一牌号、同一炉罐号、同一规格、同一交货状态的钢筋组成。

(2) 每一验收批中取试样一组，其中拉伸试样两根，冷弯试样两根。

(3) 自每批钢筋中任选两根切取试样，试样应在每根钢筋距端头50cm处截取，每根钢筋上截取一根拉伸试样，一根冷弯试样。

(4) 拉伸、冷弯试样不允许进行车削加工。实验一般在室温10～35℃下进行，对温度要求严格的实验，实验温度应控制为23℃±5℃。

2.3.2 拉伸实验

拉伸实验是通过测定钢筋在拉伸过程中应力和应变的关系曲线以及屈服强度、抗拉强度、断后伸长率3个重要指标来评定钢筋的质量。以低碳钢为例，钢材拉伸经历4个阶段：弹性阶段、屈服阶段、强化阶段、颈缩阶段。为进一步理解实验内容，下面先讲解几个概念。

屈服强度：当金属材料呈现屈服现象时(屈服阶段)，在实验期间达到塑性变形而力不增加的应力点，分上屈服强度和下屈服强度。上屈服强度为试样发生屈服而力首次下降前的最大应力；下屈服强度为屈服期间，不计初始瞬时效应时的最低应力。以下屈服强度作为钢筋的屈服强度值。

抗拉强度：相应最大力的应力(即强化阶段的最大应力)。

断后伸长率：断后标距的残余伸长与原始标距之比的百分率。

1. 实验目的

测定钢筋在拉伸过程中应力和应变的关系曲线，以及屈服强度、抗拉强度、断后伸长率3个重要指标，评定钢筋的质量与等级。

2. 仪器设备

万能材料试验机(示值误差不大于1%,所有测值应在试验机最大荷载的20%~80%)、游标卡尺(精度0.1mm)、钢筋划线机等。

3. 实验步骤

1) 试样制备

(1) 钢筋试样的长度应合理,试验机两夹头间的钢筋自由长度应足够,钢筋拉伸试件尺寸如图2-8所示。

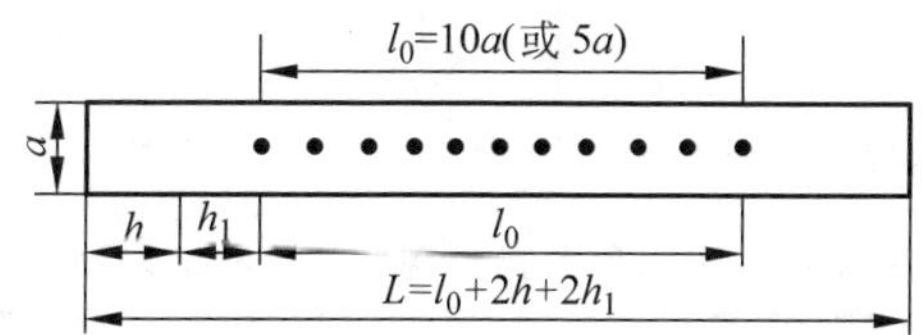

a—试样原始直径;L—试件长度;l_0—标距长度;h_1—取(0.5~1)a;h—夹具长度。

图2-8 钢筋拉伸实验试件

(2) 原始标距$L_0=5a$(或$10a$),应用小标记、细划线或细墨线标记原始标距,但不得用引起过早断裂的缺口做标记。如果钢筋的自由长度(夹具间非夹持部分的长度)比原始标距长许多,可以标记一系列套叠的原始标距(图2-9)。

2) 实验方法

(1) 将试样上端固定在试验机的上夹具内,开动试验机,旋开加油阀,将滑塞升起10mm左右,关闭加油阀。调节试验机测力盘的主动针回零,拨动从动针,使之与主动针重合。再用下夹具固定试样下端。重新旋开加油阀进行拉伸实验,直到将钢筋拉断。

(2) 屈服完成前的应力速度应保持并恒定在表2-13规定的范围内;屈服后,试验机活动夹头在荷载下的移动速度不大于$0.5L_c$/min($L_c=l_0+2h_1$)。实验时,可安装描绘器,记录力-延伸曲线或力-位移曲线。

表2-13 应力速度

钢筋的弹性模量 E/MPa	应力速度/(MPa·s^{-1})	
	最小	最大
$<1.5\times10^5$	1	10
$\geq1.5\times10^5$	3	30

4. 结果计算

1）强度计算

（1）从曲线图或测力盘上读取不计初始瞬时效应时屈服阶段的最小荷载或屈服平台的恒定荷载 F_s(N)及实验过程中的最大荷载 F_b(N)。

（2）按式(2-17)分别计算屈服强度 σ_s（精确至 5MPa）、抗拉强度 σ_b（精确至 5MPa）。

$$\begin{cases} \sigma_s = \dfrac{F_s}{A} \\ \sigma_b = \dfrac{F_b}{A} \end{cases} \tag{2-17}$$

式中，A 为钢筋的公称横截面积，mm^2（表 2-14）。

表 2-14 不同公称直径钢筋的公称横截面积

公称直径/mm	公称横截面积/mm^2	公称直径/mm	公称横截面积/mm^2
8	50.27	22	380.1
10	78.54	25	490.9
12	113.1	28	615.8
14	153.9	32	804.2
16	201.1	36	1018.0
18	254.5	40	1257.0
20	314.2	50	1964.0

（3）强度值修约按表 2-15 执行。

表 2-15 强度修约间隔 MPa

强 度	范 围	修约间隔
σ_s、σ_b	≤200	1
	>200～1000	5
	>1000	10

2）断后伸长率计算

（1）将试样断裂的部分仔细地拼接在一起，使其轴线处于同一直线上，并确保试样断裂部分适当接触后测量试样断裂后标距 L_1，精确到 0.1mm。

（2）按式(2-18)计算断后伸长率 δ（精确至 1%）：

$$\delta_5(\text{或 }\delta_{10}) = \frac{L_1 - L_0}{L_0} \times 100\% \tag{2-18}$$

式中，δ_5、δ_{10} 为 $L_0=5a$ 和 $L_0=10a$ 时的断后伸长率。

(3) 原则是只有断裂处与最接近的标距标记的距离不小于原始标距的 1/3 时方为有效。

(4) 为了避免因发生在第(3)项规定的范围之外的断裂而造成试样报废,可以采用移位方法测定断后伸长率,具体方法是:在长段上,从拉断处 O 点取基本等于短段格数,得 B 点,接着取等于长段所余格数[偶数如图 2-9(a)]之半,得 C 点;或者取所余格数[奇数如图 2-9(b)]减 1 与加 1 之半,得 C 与 C_1 点。移位后的 L_1 分别为 $AO+OB+2BC$ 或者 $AO+OB+BC+BC_1$。

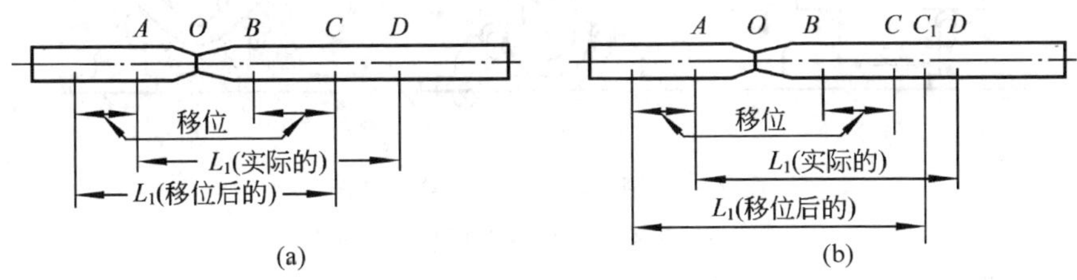

图 2-9 用移位法测量断后标距

(a) $L_1=AB+2BC$;(b) $L_1=AB+BC+BC_1$

如果直接测量所得的伸长率能达到标准值要求,则可不采用移位法。

(5) 如试件在标距端点上或标距外断裂,则实验结果无效,应重做实验。

5. 实验记录

钢筋拉伸实验记录见表 2-16。

表 2-16 建筑钢筋拉伸实验记录

试样编号	钢筋牌号			钢筋直径/mm		横截面积/mm^2	
	屈服荷载 F_s/kN	抗拉荷载 F_b/kN	屈服强度 σ_s/MPa	抗拉强度 σ_b/MPa	原始标距 L_0/mm	断后标距 L_1/mm	断后伸长率 δ/%

2.3.3 冷弯实验

1. 实验目的

检验钢筋在常温下承受规定弯曲程度(一定的弯曲角度和弯芯直径)的弯曲变形能力,检查钢筋是否存在内部组织的不均匀、内应力和夹杂物等缺陷。

2. 仪器设备

万能试验机或压力机具有两支承辊(图 2-10),支承辊间距离可以调节;具有不同直径的弯芯。

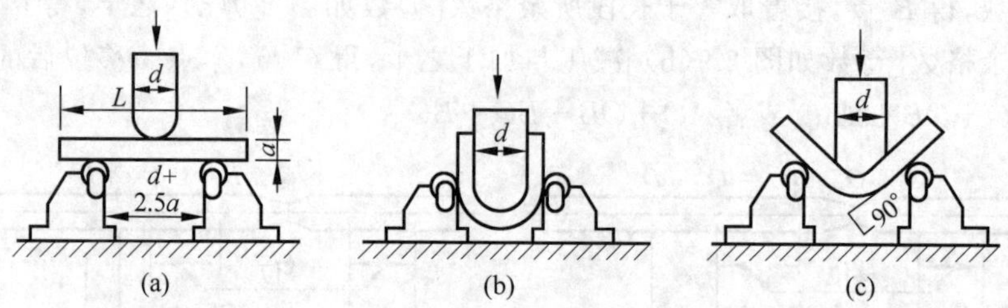

图 2-10 钢筋冷弯实验装置示意图

(a) 冷弯试件和支座;(b) 弯曲 180°;(c) 弯曲 90°

3. 实验步骤

(1) 截取钢筋试样的长度 $L \approx 5a + 150$(mm),其中 a 为钢筋直径。

(2) 根据热轧钢筋的牌号,分别按表 2-17 和表 2-18 确定弯芯直径 d 和弯曲角度 α。

表 2-17 热轧光圆钢筋冷弯实验的弯芯直径和弯曲角度

钢筋牌号	钢筋直径 a/mm	弯芯直径 d/mm	弯曲角度 α/(°)
HPB300	6~22	a	180

表 2-18 热轧带肋钢筋冷弯实验的弯芯直径和弯曲角度

钢筋牌号	钢筋直径 a/mm	弯芯直径 d/mm	弯曲角度 α/(°)
HRB400 HRBF400 HRB400E HRBF400E	6~25	$4a$	180
	28~40	$5a$	
	>40~50	$6a$	
HRB500 HRBF500 HRB500E HRBF500E	6~25	$6a$	
	28~40	$7a$	
	>40~50	$8a$	
HRB600	6~25	$6a$	
	28~40	$7a$	
	>40~50	$8a$	

(3) 调节支辊间距为 $L=(d+2.5a)\pm0.5a$，此间距在实验期间应保持不变。

(4) 将钢筋试样放于两支辊上，试样轴线应与弯曲压头轴线垂直，弯曲压头在两支座之间的中点处对试样连续缓慢地施加压力使其弯曲到规定的角度。如不能直接达到180°，应将试样置于两平行压板之间，连续施加力，压其两端使其进一步弯曲，直至弯曲达到180°(图 2-11)。

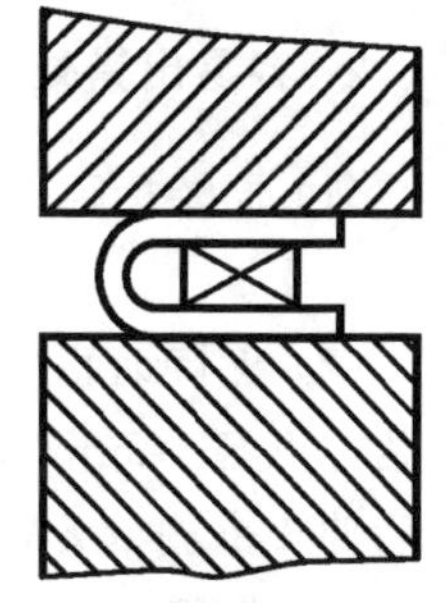

图 2-11 连续弯曲至 180°

4. 结果评定

检查试样弯曲处外面和侧面，无裂缝、断裂或起层，即评定为冷弯性能合格。

5. 实验记录

钢筋冷弯实验记录见表 2-19。

表 2-19 建筑钢筋冷弯实验记录

试样编号	钢筋牌号				
	钢筋直径 a/mm	弯曲角度 α/(°)	弯芯直径 d/mm $d=$____a	外观检查	结果评定

2.3.4 实验注意事项

1. 实验难点

(1) 屈服荷载的确定与读取。屈服强度是屈服阶段不计初始瞬时效应时的最低应力，即下屈服点。具体实验过程中，如果用度盘式万能试验机拉伸钢筋，钢筋达到屈服时，度盘指针开始回摆，第一次回摆的读数不计(此为初始瞬时效应)，以后面几次指针回摆的最低读数为屈服荷载(指针一般要来回往复回摆数次)。

(2) 加荷速度要控制好(表 2-13)。屈服前加荷速度一定不能过快(否则难以读取屈服荷载)，屈服过后可以适当提高加荷速度。

(3) 数值修约要准确。一般情况下，钢筋的屈服强度和抗拉强度在 200～1000MPa，最终结果应修约至 5MPa(如何修约可参阅第 1 章相关内容)。

2. 容易出错处

(1) 原始标距的标点处刻痕不能划刻过深,否则人为造成钢筋薄弱处而产生应力集中。

(2) 夹持钢筋时,不得将原始标距两端的标点夹在试验机夹具之内,夹具应距离两标点各10mm左右(也不可离得太远,否则容易造成钢筋在标距外被拉断,使断后伸长率测量无效)。

(3) 先用试验机上夹具夹住钢筋后,试验机调零点,再用下夹具夹住钢筋下端。注意:此时度盘指针会偏离零点,但不能再调零点,只管加荷进行拉伸实验就行了。

(4) 屈服荷载读取容易错误,应不计初始瞬时效应(即第一次回针的读数不计),读取以后几次回针的最小值。

(5) 屈服强度和抗拉强度计算容易出错。强度单位是MPa(N/mm^2),计算时应将屈服荷载和抗拉荷载单位换算成N(试验机读取的荷载单位是kN),再除以截面积(mm^2)即可。

(6) 试验机加荷到中途突然停机,往往是事先液压油没有回流完全,造成实验加荷进程中管路缺油而停机,应立即停止实验,充分回油后换一组试样再重新开始(原试样作废)。

(7) 如果度盘式试验机指针严重偏离零点,先调整丝盘(在试验机后上部,打开罩子即可调丝盘)至零点附近,再微调丝杆(旋拧右上方丝杠一端的旋钮)至零点。

实验思考题

1. 低碳钢的拉伸实验经历了几个阶段?每个阶段测得的技术指标是什么?各阶段有何特点?

2. 何种情况下用移位法测钢筋的断后标距?用文字结合图示说明移位法的测量过程。

3. 断后伸长率与冷弯性能均反映钢材的塑性,既然测定了断后伸长率,为什么还要对钢材进行冷弯实验?

4. 将下列数值修约到指定值。

(1) 将下列强度值修约到5MPa:

271.4、382.5、516.7、527.5、538.3。

(2) 将下列断后伸长率修约到0.5%:

18.13%、21.65%、23.77%、27.84%、30.28%。

5. 某建筑工地有一批热轧带肋钢筋，其标签上的牌号字迹模糊，无法辨别，为确定其牌号，截取两根钢筋做拉伸实验，测得结果为：屈服荷载分别为 51.5kN、54.4kN，抗拉荷载分别为 66.3kN、68.1kN。钢筋直径为 12mm，原始标距为 60mm，拉断后标距分别为 73.6mm、72.2mm。通过相关计算判断该批钢筋的牌号(写明判定依据)。

6. 什么是屈服强度？请标出下列各图(低碳钢拉伸曲线)中的屈服强度，并在图 2-12(b)中标出钢筋拉伸时经历的各个阶段。

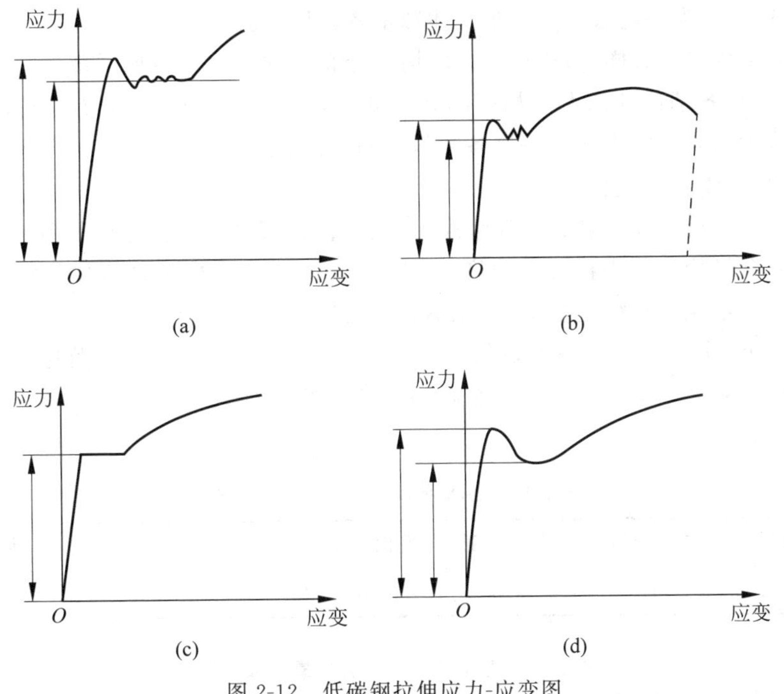

图 2-12　低碳钢拉伸应力-应变图

2.4　混凝土用集料实验

集料是混凝土或砂浆的主要组成材料之一，在混凝土或砂浆中起骨架作用及填充作用。粒径在 4.75mm 以下的岩石颗粒称为“细集料”，俗称“砂”；粒径在 4.75mm 以上的岩石颗粒称为“粗集料”，俗称“石子”。砂、石在混凝土中通过水泥浆的胶结而构成坚硬的骨架，可承受外荷载的作用，并兼有抑制水泥浆干缩的作用。

为保证混凝土质量，应选用符合技术要求的粗、细集料。本节介绍混凝土用集料主要技术指标的实验、检测方法。

2.4.1 取样与缩分

1. 取样

(1) 集料应按同产地、同规格分批取样和检验。用大型工具(如火车、货船、汽车)运输的,以 400m^3 或 600t 为一验收批。用小型工具(如马车等)运输的,以 200m^3 或 300t 为一验收批。不足上述数量者,以一批论。

(2) 在料堆上取样时,取样部位应均匀分布,取样前,先将取样部位表层铲除。取砂样时,由各部位抽取大致相等的砂共 8 份,组成一组样品;取石子样时,由各部位抽取大致相等的石子 15 份(各在料堆的顶部、中部和底部均匀分布的 15 个不同部位取得)组成一组样品。

每个验收批至少应进行颗粒级配、含泥量、泥块含量检验,对石子还应进行针、片状颗粒含量检验。当检验不合格,应重新取样,对不合格项进行加倍复验,若仍有一个试样不能满足标准要求,应按不合格品处理。

(3) 砂、石各单项实验的取样数量分别见表 2-20 和表 2-21;需做几项实验时,如能确保样品经一项实验后不致影响另一项实验的结果,可用同组样品进行几项不同的实验。

表 2-20 各单项砂实验的最少取样量

实验项目	筛分析	表观密度	堆积密度	含水率	含泥量	泥块含量
最少取样量/kg	4.4	2.6	5.0	1.0	4.4	20.0

表 2-21 各单项石子实验的最少取样量 kg

实验项目	石子最大粒径/mm							
	9.5	16.0	19.0	26.5	31.5	37.5	63.0	75.0
筛分析	9.5	16.0	19.0	25.0	31.5	37.5	63.0	80.0
表观密度	8	8	8	8	12	16	24	24
含水率	2	2	2	2	3	3	4	6
堆积密度	40	40	40	40	80	80	120	120
含泥量	8	8	24	24	40	40	80	80
泥块含量	8	8	24	24	40	40	80	80
针片状含量	1.2	4.0	8.0	12.0	20.0	40.0	40.0	40.0

2. 缩分

(1) 砂样缩分。①用分料器缩分：将样品在天然状态下拌和均匀，然后将其通过分料器，并将两个接料斗中的一份再次通过分料器。重复上述过程，直至把样品缩分至略多于实验所需量。②人工四分法缩分：将样品放在平整洁净的平板上，在潮湿状态下拌和均匀，摊成厚度约 20mm 的圆饼，在饼上划两条正交直径将其分成大致相等的 4 份，取其对角的两份按上述方法继续缩分，直至缩分后的样品数量略多于实验所需量为止。

(2) 石子缩分采用四分法进行。将样品倒在平整洁净的平板上，在自然状态下拌和均匀，堆成圆锥体，然后沿相互垂直的两条直径把圆锥体分成大致相等的 4 份，取其对角的两份重新拌匀，再堆成圆锥体。重复上述过程，直至把样品缩分至略多于实验所需量为止。

2.4.2 砂的筛分析实验

砂按细度模数 M_x 分为粗、中、细 3 种规格，对应的细度模数分别为：粗砂，$M_x=3.7\sim3.1$；中砂，$M_x=3.0\sim2.3$；细砂，$M_x=2.2\sim1.6$；特粗砂，$M_x>3.7$；特细砂，$0.7\leqslant M_x<1.6$；粉砂，$M_x<0.7$。

砂按 0.60mm 筛孔的累计筛余百分率，分成 3 个级配区(表 2-22)，砂的颗粒级配应处于表 2-22 中的任何一个区内。砂的实际颗粒级配与表 2-22 中所列的累计筛余百分率相比，除 4.75mm 和 0.60mm 外，允许稍有超出分界线，但其超出总量百分率不应大于 5%。

表 2-22 砂的颗粒级配

各级方孔筛		累计筛余百分率/%		
累计筛余百分率编号	筛孔尺寸/mm	Ⅰ区	Ⅱ区	Ⅲ区
	9.50	0	0	0
A_1	4.75	10～0	10～0	10～0
A_2	2.36	35～5	25～0	15～0
A_3	1.18	65～35	50～10	25～0
A_4	0.60	85～71	70～41	40～16
A_5	0.30	95～80	92～70	85～55
A_6	0.15	100～90	100～90	100～90

1. 实验目的

测定砂在不同孔径筛上的筛余量，用于评定砂的颗粒级配；计算砂的细度模数，评定砂的粗细程度。

2. 仪器设备

(1) 标准筛：包括孔径分别为 9.50mm、4.75mm、2.36mm、1.18mm、0.60mm、0.30mm、0.15mm 的方孔筛，以及筛的底盘和盖各一只。

(2) 天平：称量 1000g，感量 1g。

(3) 摇筛机。

(4) 烘箱：能使温度控制在 105℃±5℃。

(5) 浅盘和硬、软毛刷等。

3. 试样制备

按规定取样，并将砂试样缩分至约 1100g，放在烘箱中于 105℃±5℃的温度下烘干到恒重。待冷却至室温后，筛除大于 9.50mm 的颗粒(并算出筛余百分率，若试样含泥量超过 5%，则应先用水洗)。分成大致相等的两份备用。

恒重是指试样在烘干 1~3h 的情况下，其前后两次称量之差不大于该项实验所要求的称量精度。

4. 实验步骤

(1) 准确称取烘干试样 500g。

(2) 将孔径分别为 4.75mm、2.36mm、1.18mm、0.60mm、0.30mm、0.15mm 的筛子按筛孔大小顺序(大孔在上，小孔在下)叠置(若试样为特细砂，应增加 0.080mm 方孔筛一只)，加底盘后，将试样倒入最上层 4.75mm 筛内，加盖后，置于摇筛机上摇筛约 10min(如无摇筛机，可改用手筛)。

(3) 将整套筛自摇筛机上取下，按孔径从大至小逐个用手于洁净浅盘上进行筛分，直至每分钟的筛出量不超过试样总量的 0.1%时为止。通过的颗粒并入下一个筛，并和下一个筛中试样一起过筛。按这样的顺序进行，直到每个筛全部筛完为止。

(4) 称出各号筛的筛余量，精确至 1g，各号筛上的筛余量不得超过按式(2-19)计算出的量：

$$G=\frac{A\sqrt{d}}{200} \tag{2-19}$$

式中，G 为在一个筛上的剩余量，g；A 为筛面面积，mm^2；d 为筛孔尺寸，mm。

筛余量超过式(2-19)计算出的量时按下列方法之一处理：①将该筛余试样分成两份，使其少于按式(2-19)计算出的量，再次分别进行筛分，并以其筛余量之和作为该筛余量。②将该粒级及以下各粒级筛余的试样混合均匀,称出其质量,精确至 1g。再用四分法缩分为大致相等的两份,取其中一份,称出其质量,精确至 1g,继续筛分。计算该粒级及以下各粒级的分计筛余量时应根据缩分比例进行修正。

(5) 所有各筛的分计筛余量和底盘中剩余量的总和与筛分前的试样总量相比,其相差不得超过 1%,若超过 1%需重新实验。

5. 结果计算

(1) 计算分计筛余百分率:是各号筛上的筛余量除以试样总质量的百分率,精确至 0.1%。

(2) 计算累计筛余百分率:是该号筛上分计筛余百分率与大于该号筛的各号筛上分计筛余百分率的总和,精确至 0.1%。

(3) 根据累计筛余百分率的计算结果,绘制筛分曲线,并评定该砂子试样的颗粒级配。

(4) 按式(2-20)计算砂的细度模数 M_x,精确至 0.01。

$$M_x = \frac{(A_2 + A_3 + A_4 + A_5 + A_6) - 5A_1}{100 - A_1} \tag{2-20}$$

式中,A_1、A_2、A_3、A_4、A_5、A_6 分别为 4.75mm、2.36mm、1.18mm、0.60mm、0.30mm、0.15mm 筛上的累计筛余百分率。

(5) 筛分析实验应采用两个试样平行实验,并以其实验结果的算术平均值作为测定值,精确至 0.1。当两次实验所得的细度模数之差大于 0.20 时,应重新取样进行实验。

(6) 根据细度模数评定该砂子试样的粗细程度。

6. 实验记录

砂的筛分析实验记录见表 2-23 和图 2-13。

表 2-23 砂的筛分析实验记录

实验编号	筛孔尺寸/mm	4.75	2.36	1.18	0.60	0.30	0.15	筛底
1	筛余量/g	m_1	m_2	m_3	m_4	m_5	m_6	$m_{底}$
	筛分后总质量/g	$M = m_1 + m_2 + m_3 + m_4 + m_5 + m_6 + m_{底} =$						
	分计筛余百分率/%	a_1	a_2	a_3	a_4	a_5	a_6	—
								—
	累计筛余百分率/%	A_1	A_2	A_3	A_4	A_5	A_6	—
								—
	细度模数 M_{x1}							

续表

实验编号	筛孔尺寸/mm	4.75	2.36	1.18	0.60	0.30	0.15	筛底
2	筛余量/g	m_1	m_2	m_3	m_4	m_5	m_6	$m_底$
	筛分后总质量/g	$M=m_1+m_2+m_3+m_4+m_5+m_6+m_底=$						
	分计筛余百分率/%	a_1	a_2	a_3	a_4	a_5	a_6	—
								—
	累计筛余百分率/%	A_1	A_2	A_3	A_4	A_5	A_6	—
								—
	细度模数 M_{x2}							
细度模数平均值								
结　论		粗细程度				颗粒级配		

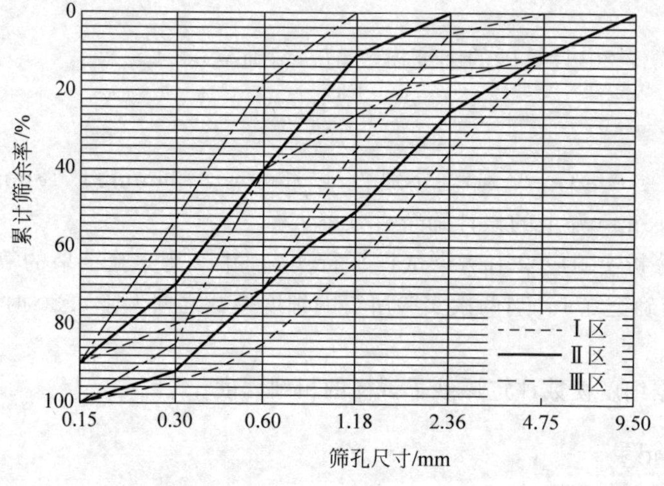

图 2-13　砂的级配曲线

2.4.3　砂的含水率测定

1. 实验目的

测定砂子含水率,用于修正混凝土施工配合比中水和砂子的用量。

2. 仪器设备

天平(称量 1kg,感量 0.1g)、烘箱、干燥器、容器(如浅盘、烧杯)等。

3. 实验步骤

(1) 将自然状态下的试样用四分法缩分至约1100g,拌匀后分成大致相等的两份备用。

(2) 称取一份试样的质量,精确至0.1g,将试样倒入已知质量为 m_1(g)的干燥容器中称量(精确至0.1g),记下试样与容器的总质量 m_2(g),将容器连同试样放入温度为105℃±5℃的烘箱中烘干至恒重,取出置干燥器中冷却至室温。

(3) 称量烘干后的试样与容器的总质量 m_3(g),精确至0.1g。

4. 结果计算

试样的含水率 ω_{wc} 应按式(2-21)计算(精确至0.1%):

$$\omega_{wc}=\frac{m_2-m_3}{m_3-m_1}\times 100\% \tag{2-21}$$

以两次实验结果的算术平均值作为测定值。两次实验结果之差大于0.2%时,应重新实验。

5. 实验记录

砂子含水率实验记录见表2-24。

表2-24 砂的含水率实验记录

实验编号	干燥容器质量 m_1/g	烘干前试样与容器总质量 m_2/g	烘干后试样与容器总质量 m_3/g	含水率 ω_{wc}/%	含水率平均值 $\overline{\omega}_{wc}$/%

2.4.4 砂的含泥量测定

1. 实验目的

测定砂的含泥量,作为评定砂子质量的依据之一。

2. 仪器设备

(1) 天平:称量1000g,感量0.1g。

(2) 筛:孔径为0.075mm及1.18mm的筛各1个。

(3) 烘箱、洗砂用的容器(深度大于250mm)及烘干用的浅盘等。

3. 试样制备

将样品用四分法缩分至约1100g，置于温度为105℃±5℃的烘箱中烘干至恒重，冷却至室温后，分成大致相等的两份备用。

4. 实验步骤

(1) 称取已烘干试样500g，精确至0.1g。将试样倒入淘洗容器中，注入饮用水，使水面高出砂面约150mm，充分拌混均匀后，浸泡2h，然后用手在水中淘洗试样，使尘屑、淤泥和黏土与砂粒分离，并使之悬浮或溶于水中。缓缓地将浑浊液倒入1.18mm及0.075mm的套筛(1.18mm筛放在上面)中，滤去小于0.075mm的颗粒。实验前筛子的两面应先用水润湿，在整个实验过程中，应注意避免砂粒丢失。

(2) 再次加水于容器中，重复上述过程，直到筒内洗出的水清澈为止。

(3) 用水冲洗剩留在筛上的细粒，并将0.075mm筛放在水中(使水面略高出筛中砂粒的上表面)来回摇动，以充分洗除小于0.075mm的颗粒。然后将两只筛上剩留的颗粒和容器中已经洗净的试样一并装入浅盘，置于温度为105℃±5℃的烘箱中烘干至恒重。取出来冷却至室温后，称试样的质量，精确至0.1g。

5. 结果计算

砂的含泥量 Q_a 按式(2-22)计算(精确至0.1%)：

$$Q_a=\frac{G_0-G_1}{G_0}\times 100\% \tag{2-22}$$

式中，G_0 为实验前烘干试样质量，g；G_1 为实验后烘干试样质量，g。

以两个试样实验结果的算术平均值作为测定值。两次结果的差值超过0.5%时，应重新取样进行实验。

6. 实验记录

砂的含泥量实验记录见表2-25。

表2-25 砂的含泥量实验记录

实验编号	实验前烘干试样质量 G_0/g	实验后烘干试样质量 G_1/g	含泥量 Q_a/%	含泥量平均值 $\overline{Q_a}$/%

2.4.5 砂的泥块含量测定

1. 实验目的

测定砂的泥块含量，作为评定砂质量的依据之一。

2. 仪器设备

(1) 天平：称量 1000g，感量 0.1g。
(2) 烘箱：温度控制在 105℃±5℃。
(3) 方孔筛：孔径为 0.600mm 及 1.18mm 的筛各一个。
(4) 淘洗试样用的容器及烘干用的浅盘等。

3. 试样制备

将试样用四分法缩分至约 5000g，置于温度为 105℃±5℃的烘箱中烘干至恒重，冷却至室温后，筛除小于 1.18mm 的颗粒，分为大致相等的两份备用。

4. 实验步骤

(1) 称取试样 200g(G_1)，精确至 0.1g。将试样倒入淘洗容器中，注入清水，使水面高出试样面约 150mm，充分搅拌均匀后，浸泡 24h，然后用手在水中碾碎泥块，再把试样放在 0.600mm 的筛上，用水淘洗，直至容器内的水目测清澈为止。

(2) 保留下来的试样小心地从筛里取出，装入浅盘中，置于温度为 105℃±5℃的烘箱中烘干至恒重，待冷却到室温后，称出其质量(G_2)，精确至 0.1g。

5. 结果计算

(1) 砂的泥块含量 Q_b 应按下式计算(精确至 0.1%)：

$$Q_b=\frac{G_1-G_2}{G_1}\times 100\% \tag{2-23}$$

式中，Q_b 为泥块含量，%；G_1 为 1.18mm 筛的筛余试样的质量，g；G_2 为实验后烘干试样的质量，g。

(2) 取两次实验结果的算术平均值作为测定值。两次结果的差值超过 0.4% 时，应重新取样进行实验。

6. 实验记录

砂的泥块含量实验记录见表 2-26。

表 2-26 砂的泥块含量实验记录

实验编号	1.18mm 筛的筛余试样的质量 G_1/g	实验后烘干试样的质量 G_2/g	泥块含量 Q_b/%	泥块含量平均值 $\overline{Q_b}$/%

2.4.6 砂的表观密度测定

1. 实验目的

测定砂的表观密度,用于混凝土配合比设计。

2. 仪器设备

(1) 天平:称量 1000g,感量 0.1g。
(2) 容量瓶:容积 500mL。
(3) 烘箱、干燥器、烧杯(500mL)、浅盘、温度计、铝制料勺等。

3. 试样制备

用四分法缩取试样约 660g,置于温度为 105℃±5℃ 的烘箱中烘至恒重,并在干燥器中冷却至室温,分成大致相等的两份备用。

4. 试验步骤

(1) 称取烘干试样 300g,精确至 0.1g,将试样装入容量瓶,注入冷开水至接近 500mL,摇转容量瓶,使试样充分搅动以排除气泡,塞紧瓶塞。

(2) 静置 24h 后,打开瓶塞,然后用滴管小心加水至容量瓶 500mL 刻度处。塞紧瓶塞,擦干瓶外水分,称其质量,精确至 1g。

(3) 倒出瓶中的水和试样,将瓶内外清洗干净,再注入与前次水温相差不超过 2℃ 的冷开水(15~25℃)至 500mL 刻度处,塞紧瓶塞,擦干瓶外水分,称其质量,精确至 1g。从试样加水静置的最后 2h 起至实验结束,其温度相差不应超过 2℃。

5. 结果计算

(1) 试样的表观密度 ρ_0 按式(2-24)计算(精确至 10kg/m^3):

$$\rho_0 = \left(\frac{G_0}{G_0 + G_2 - G_1} - \alpha_t\right) \times \rho_{水} \tag{2-24}$$

式中，ρ_0 为试样的表观密度，kg/m^3；$\rho_水$ 为水的密度，取 1000kg/m^3；G_0 为烘干试样的质量，g；G_1 为试样、水及容量瓶的总质量，g；G_2 为水及容量瓶的总质量，g；α_t 为水温对表观密度影响的修正系数(表 2-27)。

表 2-27 不同水温下对砂的表观密度修正系数

水温/℃	15	16	17	18	19	20	21	22	23	24	25
α_t	0.002	0.003	0.003	0.004	0.004	0.005	0.005	0.006	0.006	0.007	0.008

(2) 表观密度应以两次平行试验结果的算术平均值作为测定值，如两次结果之差大于 20kg/m^3，应重新取样试验。

6. 实验记录

砂的表观密度实验记录见表 2-28。

表 2-28 砂的表观密度实验记录 水温____℃

实验编号	烘干试样质量 G_0/g	试样、水及容量瓶总质量 G_1/g	水及容量瓶总质量 G_2/g	水温修正系数 α_t	表观密度 ρ_0/(kg·m^{-3})	表观密度平均值 $\overline{\rho_0}$/(kg·m^{-3})

2.4.7 砂的堆积密度与空隙率测定

1. 实验目的

测定砂的堆积密度，作为评定砂子质量的依据之一。

2. 仪器设备

(1) 天平：称量 10kg，感量 1g。

(2) 方孔筛(孔径为 4.75mm)、烘箱、漏斗或铝制料勺、直尺、浅盘等。

(3) 垫棒：直径 10mm、长 500mm 的圆钢。

(4) 容量筒：金属制圆柱形筒，容积为 1L，内径 108mm，净高 109mm，筒壁厚 2mm，筒底厚约 5mm。

应先校正容量筒的容积。以温度为 20℃±2℃ 的饮用水装满容量筒，用玻璃板沿筒口滑行，使其紧贴水面，不能夹有气泡，擦干筒外壁水分，然后称重。用式(2-25)计算筒的容积：

$$V = G_1 - G_2 \tag{2-25}$$

式中，V 为容量筒容积，mL；G_1 为容量筒、玻璃板和水的总质量，g；G_2 为容量筒和玻璃板的质量，g。

3. 试样制备

用四分法缩取试样约3L。置于温度为105℃±5℃的烘箱中烘至恒重，取出并冷却至室温，筛除大于4.75mm的颗粒，分成大致相等的两份备用。试样烘干后如有结块，应在试验前先捏碎。

4. 试验步骤

1）松散堆积密度测定

(1) 称取容量筒质量，精确至1g。

(2) 将容量筒放在不受振动的桌上浅盘中，用料斗或铝制料勺，将一份试样徐徐装入容量筒(漏斗出料口或料勺距容量筒筒口约50mm)，让试样以自由落体落下，当容量筒上部试样呈锥体，且容量筒四周溢满时，即停止加料。

(3) 用直尺将多余的试样沿筒口中心线向两边刮平。称出容量筒和试样的总质量，精确至1g。

2）紧密堆积密度测定

(1) 称取容量筒质量，精确至1g。

(2) 用料斗或铝制料勺，将一份试样分两次徐徐装入容量筒(漏斗出料口或料勺距容量筒筒口约50mm)，装完第一层后(约计稍高于1/2)，在筒底放上垫棒，将筒按住，左右交替颠击地面各25下，然后装入第二层，装满后用同样的方法颠实(但筒底垫棒的方向与第一层时的方向垂直)，再加试样直至超过筒口。

(3) 用直尺将多余的试样沿筒口中心线向两边刮平，称出容量筒和试样的总质量，精确至1g。

5. 结果计算

(1) 试样的松散堆积密度或紧密堆积密度 ρ_1 按式(2-26)计算(精确至 $10\mathrm{kg/m^3}$)：

$$\rho_1 = \frac{G_2 - G_1}{V} \tag{2-26}$$

式中，ρ_1 为松散(或紧密)堆积密度，$\mathrm{kg/m^3}$；G_1 为容量筒质量，g；G_2 为容量筒和试样总质量，g；V 为容量筒容积，L。

堆积密度以两次试验结果的算术平均值作为测定值。

(2) 砂的空隙率按式(2-27)计算(精确至1%):

$$V_0=\left(1-\frac{\rho_1}{\rho_0}\right)\times 100\% \tag{2-27}$$

式中,V_0 为砂的空隙率,%;ρ_1 为式(2-26)计算出的砂的松散(或紧密)堆积密度,kg/m^3;ρ_0 为式(2-24)计算出的砂的表观密度,kg/m^3。

空隙率取两次试验结果的算术平均值。

6. 实验记录

砂的堆积密度实验记录见表2-29。

表2-29 砂的堆积密度实验记录 水温____℃

实验编号	容量筒质量 G_1/g	容量筒和试样总质量 G_2/g	容量筒容积 V/L	堆积密度 $\rho_1/(kg\cdot m^{-3})$	堆积密度平均值 $\bar{\rho}_1/(kg\cdot m^{-3})$

2.4.8 石子的筛分析实验

1. 实验目的

测定石子在不同孔径筛上的筛余量,评定石子的颗粒级配。

2. 仪器设备

(1) 筛:孔径分别为2.36mm、4.75mm、9.50mm、16.0mm、19.0mm、26.5mm、31.5mm、37.5mm、53.0mm、63.0mm、75.0mm及90.0mm的方孔筛各一只,并附有筛底和筛盖(筛框内径均为300mm)。

(2) 天平或台秤:称量10kg,感量1g。

(3) 摇筛机、烘箱、容器、浅盘等。

3. 试样制备

从取回试样中用四分法将样品缩分至略多于表2-30所规定的试样数量,烘干或风干后备用。

表2-30 筛分析所需试样的最少用量

最大粒径/mm	9.5	16.0	19.0	26.5	31.5	37.5	63.0	75.0
最少试样用量/kg	1.9	3.2	3.8	5.0	6.3	7.5	12.6	16.0

4. 实验步骤

(1) 根据试样的最大粒径，按表 2-30 的规定称取试样一份，精确到 1g。

(2) 将试样倒入按孔径大小从上到下组合的套筛(附筛底)上，然后进行筛分。

(3) 将套筛置于摇筛机上，摇 10min，取下套筛，按孔径大小顺序逐个在清洁的浅盘上用手筛；至每分钟通过量小于试样总量 0.1% 为止。通过的颗粒并入下一号筛中，并和下一号筛中的试样一起过筛，这样顺序进行，直至各号筛全部筛完为止，当筛余颗粒的粒径大于 19.0mm 时，在筛分过程中允许用手指拨动颗粒。

(4) 称取各筛筛余的质量，精确至 1g。各筛上的所有分计筛余量和筛底剩余量之和与筛分前的试样的总量相差不得超过 1%，若超过需重新实验。

5. 结果计算

(1) 计算分计筛余百分率和累计筛余百分率，分别精确至 0.1% 和 1%。

(2) 根据各筛的累计筛余百分率，参照表 2-31 评定该石子试样的颗粒级配。

表 2-31 碎石或卵石的颗粒级配

级配	公称粒级/mm	累计筛余/%											
		方孔筛尺寸/mm											
		2.36	4.75	9.50	16.00	19.00	26.50	31.50	37.50	53.00	63.00	75.00	90.00
连续粒级	5~16	95~100	85~100	30~60	0~10	0							
	5~20	95~100	90~100	40~80	—	0~10	0						
	5~25	95~100	90~100	—	30~70	—	0~5	0					
	5~31.5	95~100	90~100	70~90	—	15~45	—	0~5	0				
	5~40	—	95~100	70~90	—	30~65	—	—	0~5	0			
单粒粒级	5~10	95~100	80~100	0~15	0								
	10~16		95~100	80~100	0~15								
	10~20		95~100	85~100		0~15	0						
	16~25			95~100	55~70	25~40	0~10						

续表

级配	公称粒级/mm	累计筛余/%											
		方孔筛尺寸/mm											
		2.36	4.75	9.50	16.00	19.00	26.50	31.50	37.50	53.00	63.00	75.00	90.00
单粒粒级	16～31.5		95～100		85～100			0～10	0				
	20～40			95～100		80～100			0～10	0			
	40～80					95～100			70～100		30～60	0～10	0

6. 实验记录

石子的筛分析实验记录见表 2-32。

表 2-32 石子的筛分析实验记录

筛孔尺寸/mm	分计筛余量/g	分计筛余百分率/%	累计筛余百分率/%
90.00			
75.00			
63.00			
53.00			
37.50			
31.50			
26.50			
19.00			
16.00			
9.50			
4.75			
2.36			
筛底		—	—
结论	(1) 该石子的颗粒级配：①__________连续粒级； ②__________单粒粒级； (2) 该石子最大粒径为________ mm		
备注	各筛上所有分计筛余量和筛底剩余量之和：________ g		

2.4.9 石子的含水率测定

1. 实验目的

测定石子的含水率,用于修正混凝土施工配合比中水和石子的用量。

2. 仪器设备

(1) 天平:称量10kg,感量1g。

(2) 烘箱、浅盘、小铲等。

3. 实验步骤

(1) 按规定取样,将试样缩分至约4kg,拌匀后分成大致相等的两份备用。

(2) 称取干燥容器质量 m_1(g),由样品中取质量约为2kg试样一份,放入干燥容器中称量,记下试样与容器的总质量 m_2(g),精确至1g,将容器连同试样放在105℃±5℃的烘箱中烘干至恒重。

(3) 取出试样,冷却至室温,称取烘干后的试样与容器的总质量 m_3(g),精确至1g。

4. 结果计算

试样的含水率 ω_{wc} 按式(2-28)计算(精确至0.1%)。

$$\omega_{wc}=\frac{m_2-m_3}{m_3-m_1}\times 100\% \tag{2-28}$$

以两次实验结果的算术平均值作为测定值。

5. 实验记录

石子含水率实验记录见表2-33。

表2-33 石子含水率的实验记录

实验编号	干燥容器质量 m_1/g	烘干前试样与容器总质量 m_2/g	烘干后试样与容器总质量 m_3/g	含水率 ω_{wc}/%	含水率平均值 $\overline{\omega_{wc}}$/%

2.4.10 石子的压碎指标实验

1. 实验目的

测定石子的压碎指标值,用于评定石子在逐渐增加的荷载作用下,抵抗破碎的能力。

2. 仪器设备

(1) 压力试验机:量程 300kN,示值相对误差 2%。
(2) 天平:称量 10kg,感量 1g。
(3) 受压试模(压碎指标测定仪,见图 2-14)。
(4) 方孔筛:孔径分别为 2.36mm、9.50mm 及 19mm 的筛各一只。
(5) 垫棒:ϕ10mm,长 500mm 圆钢。

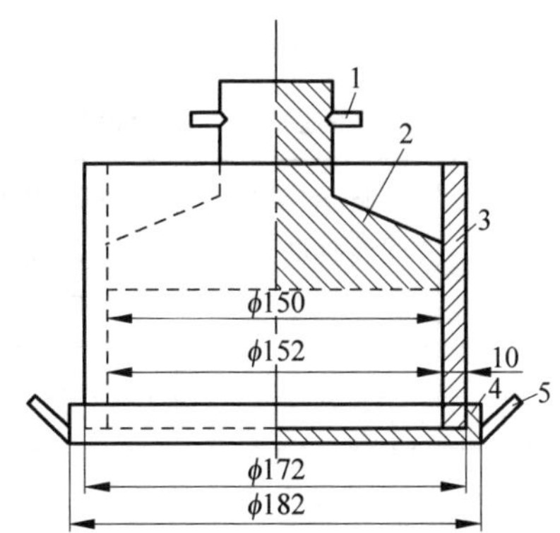

1—把手;2—加压头;3—圆模;4—底盘;5—手把。

图 2-14 压碎指标测定仪

3. 试样制备

按规定取样,风干后筛除大于 19.0mm 及小于 9.50mm 的颗粒,并去除针、片状颗粒,分为大致相等的三份备用。

4. 实验步骤

(1) 准确风干试样 3000g,精确至 1g。将试样分两层装入圆模(置于底盘上)内,每装完一层试样后,在底盘下面垫放一个直径为 10mm 的圆钢,将筒按住,左右交替颠击地面各 25 下,两层颠实后,平整模内试样表面,盖上压头。当圆模装不下

3000g试样时，以装至距圆模上口10mm为准。

(2) 把装有试样的圆模置于压力试验机上，开动压力试验机，按1kN/s的速度均匀加荷载至200kN，并稳荷5s，然后卸荷。

(3) 取下加压头，倒出试样，用孔径2.36mm的筛筛除被压碎的细粒，称出留在筛上的试样质量，精确至1g。

5. 结果计算

(1) 压碎指标按式(2-29)计算，精确至0.1%。

$$Q_e=\frac{G_1-G_2}{G_1}\times 100\% \tag{2-29}$$

式中，Q_e为压碎指标，%；G_1为试样质量，g；G_2为压碎后筛余的试样质量，g。

(2) 压碎指标值取三次实验结果的算术平均值，精确至1%。

6. 实验记录

石子压碎指标实验记录见表2-34。

表2-34 石子压碎指标实验记录

实验编号	试样质量 G_1/g	压碎后筛余的试样质量 G_2/g	压碎指标 Q_e/%	压碎指标平均值 $\overline{Q_e}$/%

2.4.11 石子的含泥量测定

1. 实验目的

测定石子的含泥量，作为评定石子质量的依据之一。

2. 仪器设备

(1) 台秤：称量10kg，感量1g。

(2) 方孔筛：孔径分别为0.075mm和1.18mm的方孔筛各一个。

(3) 淘洗容器：容积约10L的瓷盘或金属盒。

(4) 烘箱、浅盘。

3. 试样制备

实验前，将试样用四分法缩分至略大于表 2-35 规定的 2 倍数量，置于温度为 105℃±5℃的烘箱内烘干至恒重，冷却至室温后分成大致相等的两份备用。

表 2-35 含泥量实验所需的试样量

最大粒径/mm	9.5	16.0	19.0	26.5	31.5	37.5	63.0	75.0
最少试样量/kg	2	2	6	6	10	10	20	20

4. 实验步骤

(1) 根据试样最大粒径，准确称取按表 2-34 规定数量试样一份，精确至 1g，将试样装入淘洗容器中摊平，并注入饮用水，使水面高出石子表面 150mm，充分搅拌均匀后，浸泡 2h，用手在水中淘洗颗粒，使尘屑、淤泥和黏土与石子颗粒分离。缓缓地将浑浊液分别倒入 1.18mm 和 0.075mm 的套筛(1.18mm 筛放置在上面)上，滤去小于 0.075mm 的颗粒。实验前筛子的两面应先用水润湿。在整个实验过程中应注意避免大于 0.075mm 颗粒丢失。

(2) 再次加水于容器中，重复上述过程，直至容器内的水目测清澈为止。

(3) 用水冲洗剩余在筛上的细粒，并将 0.075mm 筛放在水中(使水面略高出筛内颗粒)来回摇动，以充分洗除小于 0.075mm 的颗粒。然后将两只筛上剩余的颗粒和容器中已洗净的试样一并装入浅盘，置于温度为 105℃±5℃的烘箱烘干至恒重，取出冷却至室温后称其质量，精确至 1g。

5. 结果计算

(1) 碎石或卵石的含泥量 Q_a 应按式(2-30)计算，精确至 0.1%。

$$Q_a = \frac{G_0 - G_1}{G_0} \times 100\% \tag{2-30}$$

式中，Q_a 为含泥量，%；G_0 为实验前烘干试样的质量，g；G_1 为实验后烘干试样的质量，g。

(2) 以两个试样实验结果的算术平均值作为测定值。如两次结果的差值超过 0.2%，应重新取样进行实验。

6. 实验记录

石子的含泥量实验记录见表 2-36。

表 2-36 石子的含泥量实验记录

实验编号	实验前烘干试样质量 G_0/g	实验后烘干试样质量 G_1/g	含泥量 Q_a/%	含泥量平均值$\overline{Q_a}$/%

2.4.12 石子的泥块含量测定

1. 实验目的

测定石子的泥块含量，作为评定石子质量的依据之一。

2. 仪器设备

（1）台秤：称量 20kg，感量 20g。
（2）天平：称量 10kg，感量 1g。
（3）方孔筛：孔径分别为 2.36mm 和 4.75mm 的筛各一个。
（4）淘洗试样用的容器及烘干用的浅盘等。

3. 试样制备

将试样用四分法缩分至略大于表 2-35 规定的 2 倍数量，置于温度为 105℃±5℃的烘箱内烘干至恒重，冷却至室温后，筛除小于 4.75mm 的颗粒，分成大致相等的两份备用。

4. 实验步骤

（1）根据试样的最大粒径，按表 2-35 的规定数量称取试样一份（G_1），精确至 1g。

（2）将试样倒入淘洗容器中，加入清水，使水面高出试样上表面，充分搅拌均匀后，浸泡 24h，然后用手在水中碾碎泥块，再把试样放在 2.36mm 筛上用水淘洗，直至容器内的水目测清澈为止。

（3）保留下来的试样小心地从筛中取出，装入烘干用的浅盘后，置于温度为 105℃±5℃的烘箱中烘干至恒重，取出冷却至室温后，称出其质量（G_2），精确至 1g。

5. 结果计算

（1）泥块含量 Q_b 应按式（2-31）计算（精确至 0.1%）：

$$Q_b = \frac{G_1 - G_2}{G_1} \times 100\% \tag{2-31}$$

式中，Q_b 为泥块含量，%；G_1 为 4.75mm 筛筛余试样的质量，g；G_2 为实验后烘干试样的质量，g。

(2) 以两个试样试验结果的算术平均值作为测定值。如两次结果的差值超过 0.2%，应重新取样进行实验。

6. 实验记录

石子的泥块含量实验记录见表 2-37。

表 2-37 石子的泥块含量实验记录

实验编号	4.75mm 筛筛余试样的质量 G_1/g	实验后烘干试样的质量 G_2/g	泥块含量 Q_b/%	泥块含量平均值 $\overline{Q_b}$/%

2.4.13 石子的表观密度测定(广口瓶法)

1. 实验目的

测定石子的表观密度，用于评定石子质量和混凝土配合比设计。本实验采用广口瓶法，此法不宜用于最大粒径超过 37.5mm 的碎石或卵石。

2. 仪器设备

(1) 天平：称量 2kg，感量 1g。
(2) 广口瓶：容积 1000mL，磨口，并带玻璃片(尺寸约 100mm×100mm)。
(3) 方孔筛：孔径 4.75mm。
(4) 烘箱、毛巾、刷子等。

3. 试样制备

将试样缩分至略大于表 2-38 规定的数量，风干后筛去 4.75mm 以下的颗粒，然后洗刷干净，分成大致相等的两份备用。

表 2-38 石子表观密度实验所需的试样最少用量

最大粒径/mm	<26.5	31.5	37.5	63.0	75.0
试样最少用量/kg	2.0	3.0	4.0	6.0	6.0

4. 实验步骤

(1) 将试样浸水饱和,然后装入广口瓶中。装试样时广口瓶应倾斜放置,注满饮用水,玻璃片覆盖瓶口,以上下左右摇晃的方法排除气泡。

(2) 气泡排尽后,再向瓶中注入饮用水至水面凸出瓶口边缘,然后用玻璃片沿瓶口迅速滑行,使其紧贴瓶口水面。擦干瓶外水分后,称取试样、水、瓶和玻璃片总质量,精确至1g。

(3) 将瓶中试样倒入浅盘中,置于105℃±5℃的烘箱中烘干至恒重。然后取出放在带盖的容器中冷却至室温后称出其质量,精确至1g。

(4) 将瓶洗净,重新注入饮用水,用玻璃片紧贴瓶口水面,擦干瓶外水分后称出水、瓶和玻璃片总质量,精确至1g。

5. 结果计算

(1) 试样的表观密度 ρ_0 按式(2-32)计算,精确至10kg/m³。

$$\rho_0=\left(\frac{G_0}{G_0+G_2-G_1}-a_t\right)\times\rho_{水} \tag{2-32}$$

式中,ρ_0 为表观密度,kg/m³;G_0 为烘干后试样的质量,g;G_1 为试样、水、瓶和玻璃片的总质量,g;G_2 为水、瓶和玻璃片的总质量,g;a_t 为水温对表观密度影响的修正系数(表2-27);$\rho_{水}$ 为水的密度,取1000kg/m³。

(2) 以两次实验结果的算术平均值作为测定值,若两次结果之差大于20kg/m³,可取4次实验结果的算术平均值。

6. 实验记录

石子的表观密度实验记录见表2-39。

表2-39 石子的表观密度实验记录 水温____℃

实验编号	烘干试样质量 G_0/g	试样、水、瓶和玻璃片总质量 G_1/g	水、瓶和玻璃片的总质量 G_2/g	水温修正系数 a_t	表观密度 ρ_0/(kg·m⁻³)	表观密度平均值 $\overline{\rho_0}$/(kg·m⁻³)

2.4.14 石子的堆积密度与空隙率测定

1. 实验目的

测定石子的堆积密度，是用于评定石子质量的依据之一。

2. 仪器设备

(1) 天平：称量10kg，感量10g一台；称量50kg或100kg，感量50g一台。

(2) 烘箱、垫棒(直径16mm、长600mm的圆钢)、直尺、平头铁铲等。

(3) 容量筒：金属制，规格要求见表2-40。

表2-40 容量筒的规格要求及最少取样量

石子最大粒径/mm	容量筒容积/L	容量筒规格			最少取样量/kg
		内径/mm	净高/mm	壁厚/mm	
9.5、16.0、19.0、26.5	10	208	294	2	40.0
31.5、37.5	20	294	294	3	80.0
53.0、63.0、75.0	30	360	294	4	120.0

容量筒应先校正其容积，以温度为20℃±2℃的饮用水装满量筒，用玻璃板沿筒口滑移使其紧贴水面，擦干筒外壁水分后称重，用下式计算筒的容积(精确至1mL)：

$$V = G_1 - G_2 \tag{2-33}$$

式中，V为容量筒容积，mL；G_1为容量筒、玻璃板和水的总质量，g；G_2为容量筒和玻璃板的质量，g。

3. 试样制备

用四分法缩取试样不少于表2-38规定的数量，放于浅盘中，在105℃±5℃的烘箱中烘干，也可以摊在清洁的地面上风干，拌匀后分成两份备用。

4. 实验步骤

(1) 称取容量筒质量。

(2) 松散堆积密度测定。取试样一份，置于平整干净的地板(或铁板)上，用平头铁铲铲起试样，使石子自由落入容量筒内。此时，铁铲的齐口至容量筒上口的距离应保持在50mm左右。当容量筒上部试样呈堆体，且容量筒四周溢满时，即停止加料，除去凸出容量筒口表面的颗粒，并以合适的颗粒填入凹陷部分，使表面稍凸起部分和凹陷部分的体积大致相等(实验过程应防止触动容量筒)，称取试样和容量筒总质量，精确至10g。

(3) 紧密堆积密度测定。取试样一份分三次装入容量筒，装完第一层后，在筒底垫放一根直径为16mm的圆钢，将筒按住，左右交替颠击地面各25次，再装入第二层，用同样方法颠实（但筒底所垫的钢筋方向与第一层时的方向垂直），然后装第三层，用同样方法颠实（但筒底所垫的钢筋方向与第一层时的方向平行）。装填完毕，再加试样直至超过筒口，用钢尺沿筒口边缘刮去高出的试样，并用合适的颗粒填平凹陷部分，使表面稍凸起部分和凹陷部分的体积大致相等，称取试样和容量筒总质量，精确至10g。

5. 结果计算

(1) 石子的松散或紧密堆积密度 ρ_1 按式(2-34)计算（精确至 10kg/m^3）：

$$\rho_1 = \frac{G_2 - G_1}{V} \tag{2-34}$$

式中，ρ_1 为石子松散或紧密堆积密度，kg/m^3；G_1 为容量筒的质量，g；G_2 为试样和容量筒的总质量，g；V 为容量筒的容积，L。

以两次试验结果的算术平均值作为测定值。

(2) 石子的空隙率按式(2-35)计算（精确至1%）：

$$V_0 = \left(1 - \frac{\rho_1}{\rho_0}\right) \times 100\% \tag{2-35}$$

式中，V_0 为空隙率，%；ρ_1 为按式(2-34)计算出的松散或紧密堆积密度，kg/m^3；ρ_0 为按式(2-32)计算出的表观密度，kg/m^3。

6. 实验记录

石子的堆积密度实验记录见表2-41。

表2-41 石子的堆积密度实验记录

实验编号	容量筒质量 G_1/g	容量筒和试样总质量 G_2/g	容量筒容积 V/L	堆积密度 $\rho_1/(\text{kg}\cdot\text{m}^{-3})$	堆积密度平均值 $\overline{\rho_1}/(\text{kg}\cdot\text{m}^{-3})$

2.4.15 石子的针、片状颗粒含量测定

1. 实验目的

测定石子的针状颗粒、片状颗粒含量，作为评定石子质量的依据之一。

2. 仪器设备

(1) 针状规准仪和片状规准仪(图 2-15 和图 2-16)。

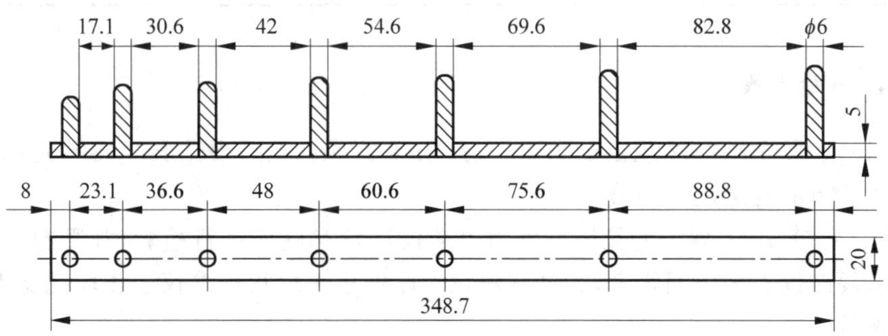

图 2-15 针状规准仪

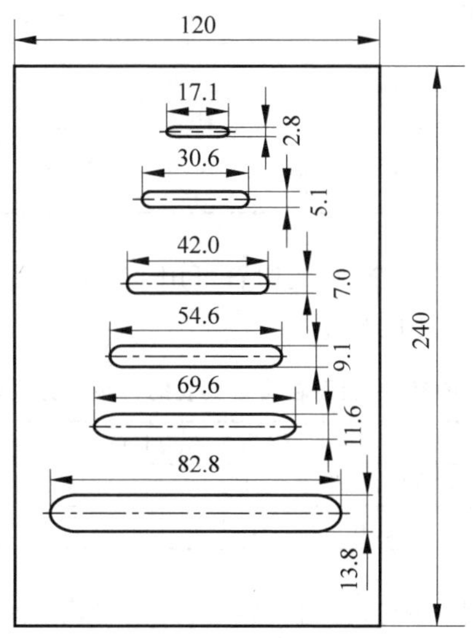

图 2-16 片状规准仪

(2) 天平：称量 10kg，感量 1g。

(3) 试验筛：孔径分别为 4.75mm、9.50mm、16.0mm、19.0mm、26.5mm、31.5mm 及 37.5mm 的筛各一个。

3. 试样制备

实验前，将试样用四分法缩分至略大于表 2-42 规定的数量，烘干或风干后备用。

表 2-42 针、片状颗粒含量实验所需试样数量

最大粒径/mm	9.5	16.0	19.0	26.5	31.5	≥37.5
试样最少质量/kg	0.3	1.0	2.0	3.0	5.0	10.0

4. 试验步骤

(1) 称取按表 2-42 规定的数量一份,精确至 1g。然后根据表 2-43 规定的粒级按 2.4.8 节的规定进行筛分。

(2) 按表 2-43 规定的粒级分别用规准仪逐粒对试样进行检验,凡颗粒长度大于针状规准仪上相应间距者,为针状颗粒。厚度小于片状规准仪上相应孔宽者,为片状颗粒。

表 2-43 针、片状颗粒含量实验的粒级划分及其相应的规准仪孔宽或间距

石子粒级/mm	4.75～9.50	9.50～16.00	16.00～19.00	19.00～26.50	26.50～31.50	31.50～37.50
片状规准仪相对应的孔宽/mm	2.8	5.1	7.0	9.1	11.6	13.8
针状规准仪相对应的间距/mm	17.1	30.6	42.0	54.6	69.6	82.8

石子粒径大于 37.5mm 的碎石或卵石可用卡尺检验其针状、片状颗粒,卡尺卡口的设定宽度应符合表 2-44 的规定。

表 2-44 大于 37.5 mm 颗粒的针、片状颗粒含量实验的粒级划分及其相应的卡尺卡口设定宽度

石子粒级/mm	37.5～53.0	53.0～63.0	63.0～75.0	75.0～90.0
检验片状颗粒的卡尺卡口设定宽度/mm	18.1	23.2	27.6	33.0
检验针状颗粒的卡尺卡口设定宽度/mm	108.6	139.2	165.6	198.0

(3) 称出由各粒级挑出的针、片状颗粒的总质量,精确至 1g。

5. 结果计算

碎石或卵石中针、片状颗粒的总含量 Q_c 应按下式计算,精确至 1%。

$$Q_c = \frac{G_2}{G_1} \times 100\% \tag{2-36}$$

式中,Q_c 为针、片状颗粒含量,%;G_1 为试样总质量,g;G_2 为试样中所含针、片状颗粒的总质量,g。

6. 实验记录

针、片状颗粒含量实验记录见表 2-45。

表 2-45 针、片状颗粒含量实验记录

石子粒级/mm	4.75～9.50	9.50～16.00	16.00～19.00	19.00～26.50	26.50～31.50	31.50～37.50
各粒级针、片状颗粒质量/g						
针、片状颗粒总质量 G_2/g		试样总质量 G_1/g		针、片状颗粒含量 Q_c/%		

2.4.16 实验注意事项

1. 实验难点

(1) 砂子和石子筛分析进行手筛试样时，易把试样筛出来，造成损失而产生误差。

(2) 称量分计筛余量时，容易漏出砂子或石子而损失试样。

(3) 测定砂子表观密度时，实验过程中所加的水，其前后温度相差不应超过2℃，且在 15～25℃，为此应该在有温控的室内做实验为宜。实验中所用的水提前准备好并恒温至室温。

(4) 根据石子筛分析实验结果评定其颗粒级配时，应仔细比对 GB/T 14685—2011《建设用卵石、碎石》标准所列的“颗粒级配”表(或参阅教材中的对应表)，以确定其级配范围。

(5) 砂子和石子含泥量实验进行颗粒淘洗和冲刷时(使尘屑、淤泥和黏土与砂、石颗粒分离并滤去小于 0.075mm 的颗粒)，以及将淘洗和冲刷好的试样转移至浅盘烘干时，均容易造成大于 0.075mm 的颗粒丢失。

(6) 测定石子堆积密度，在最后整平试样表面时，应仔细以合适的颗粒填入凹陷部分，使表面稍凸起部分和凹陷部分的体积大致相等。

2. 容易出错处

(1) 细度模数计算容易出现错误。将各筛子累计筛余百分率代入公式计算时，要去除掉百分号。

(2) 对砂子试样进行逐个人工手筛时，应筛至每分钟的筛出量不超过试样总量的 0.1%(即 500g×0.1%=0.5g)时为止，不能过早停止手筛。称量各筛上分计筛余量时，应仔细取下（取完）卡在筛孔里的砂子，并与该筛上其他的筛余试样一并称量。

(3) 石子最大粒径和颗粒级配评定易出现错误。颗粒级配评定应把筛分结果（累计筛余百分率）与“粗集料颗粒级配”表格中规定的数值范围仔细比对；石子最大粒径为所属粒级公称粒径的上限，如某石子经筛分析实验后，判定其级配为5～25连续粒级，则其最大粒径就是25mm；如果其级配为20～40单粒粒级，则其最大粒径就是40mm。

(4) 砂子、石子含水率计算容易出错。切记：公式中的分母是“烘干后试样与容器总质量”减去“容器质量”，而不是“烘干前试样与容器总质量”减去“容器质量”。

(5) 摇筛机突然滞动，可能是砂子或其他固体物掉入齿轮，应停机清除固体杂物。

(6) 筛子在摇筛机上摇摆不稳，应压紧上面的压盘。

实验思考题

1. 某砂子试样两次平行筛分析实验结果如表2-46所示，试根据计算结果评定该砂子试样的颗粒级配和粗细程度。

表2-46　砂子试样筛分析实验结果

实验编号	筛孔尺寸/mm	4.75	2.36	1.18	0.60	0.30	0.15	筛底
1	筛余量/g	0	72	96	188	90	30	23
2	筛余量/g	0	74	95	184	90	34	23

2. 在砂子筛分析实验中，当某一筛子上筛余量超过规定值时，应如何处理？

3. 如何测定石子的空隙率？（写出实验主要步骤和计算式）

4. 某钢筋混凝土构件，其截面最小边长为120mm，采用直径为20mm的钢筋，钢筋中心距为60mm，那么5～40连续粒级的碎石能用来拌制混凝土吗？为什么？

5. 需要100g干砂，那么需含水率为5%的湿砂多少克？

6. 某石子为20～40单粒粒级，如何确定其针、片状颗粒？

2.5　普通混凝土实验

由胶凝材料（水泥）、粗细集料（砂、石）和水配制成的拌和物，经过一定时间硬化而成的人造石材即称为混凝土，简写为“砼”。混凝土的主要技术性质包括混凝土拌和物的和易性、硬化混凝土的强度、变形及耐久性等。

和易性(又称工作性)是指混凝土拌和物易于施工操作(拌和、运输、浇注和捣实)并能获得质量均匀、成型密实的性能。和易性包括流动性、黏聚性和保水性等三方面含义。

流动性是指混凝土拌和物在自重或施工机械振捣的作用下,能产生流动,并均匀密实地填满模板的性能。流动性反映出拌和物的稀稠程度,常用的检测方法有坍落度法和维勃稠度法两种。

黏聚性是指混凝土拌和物具有一定的黏聚力,在施工、运输及浇注过程中,不致出现分层离析,使混凝土保持整体均匀的性能。黏聚性不好的混凝土拌和物,水泥浆与砂、石子容易分离。

保水性是指混凝土拌和物具有一定的保水能力,在施工过程中不致产生严重泌水现象。因为泌水会在混凝土内部产生透水通道,在钢筋或石子下部形成水囊。这些都将影响混凝土的密实性,降低混凝土的强度及耐久性(抗渗性、抗冻性、抗侵蚀性等)。

在测定混凝土拌和物稠度(流动性)的同时,辅以直观经验评定其黏聚性和保水性。

混凝土强度包括抗压、抗拉及抗折强度等,其中抗压强度是结构设计的主要参数,也是混凝土质量评定的重要指标,立方体抗压强度更是混凝土的强度特征值。

本节主要介绍混凝土拌和物基本性能(和易性、表观密度)和立方体抗压强度实验方法。

2.5.1 混凝土拌和物取样和制备

1. 混凝土拌和物取样

(1) 混凝土施工过程中取样进行混凝土实验时,应从同一盘或同一车混凝土中取样。取样量应多于实验所需量的 1.5 倍,且不宜小于 20L。

(2) 取样应具有代表性,一般在同一盘或同一车混凝土中的约 1/4 处、1/2 处和 3/4 处分别取样,从第一次取样到最后一次取样不宜超过 15min,然后人工拌和均匀。从取样完毕到开始做各项性能实验不宜超过 5min。

2. 混凝土拌和物制备

1) 一般规定

(1) 若在实验室制备混凝土拌和物时,实验环境相对湿度不宜小于 50%,所用原材料和实验室的温度应保持在 20℃±5℃,使用原材料应与实际工程使用的材料相同。

(2) 材料用量以质量计。称量的精确度：砂、石集料为±0.5%，水、水泥、外加剂及混合材料均为±0.2%。

(3) 混凝土拌和物应采用搅拌机搅拌，宜搅拌2min以上，直至搅拌均匀。

(4) 机械搅拌时，搅拌量不应小于搅拌机公称容量的1/4。也不应大于搅拌机公称容量，且不应少于20L。

2) 仪器设备

(1) 混凝土搅拌机：容量50～100L，转速18～22r/min。

(2) 电子台秤1：称量50kg或100kg，感量10g。

(3) 电子台秤2：称量10kg，感量5g。

(4) 天平(称量1kg，感量0.5g)、量筒(200mL，1000mL)、拌板(1.5m×2m左右)、拌铲、盛料容器等。

3) 拌和方法

(1) 按配合比称量各材料。

(2) 按配合比先预拌适量混凝土对搅拌机进行挂浆，以免正式拌和时浆体有损失。

(3) 开动搅拌机，向搅拌机内依次加入石子、水泥和掺合料、砂，干拌均匀，再将水徐徐加入(外加剂一般先溶于水)，全部加料时间不超过2min。水全部加入后，继续拌和2min。

(4) 将拌和物自搅拌机中卸出，倾倒在拌板上，再经人工拌和1～2min，使其均匀。

2.5.2 稠度实验

1. 坍落度与扩展度法

1) 实验目的

测定混凝土坍落度或扩展度，评定混凝土拌和物的流动性。本方法适用于集料最大粒径不大于40mm、坍落度不小于10mm的混凝土拌和物的稠度测定。

2) 仪器设备

(1) 坍落度筒：由金属制成的圆台形筒，内壁光滑。在筒外上端有手把，下端有踏板。筒的内部尺寸为底部直径200mm、顶部直径100mm、高度300mm(图2-17)。

(2) 捣棒：直径16mm、长650mm的圆钢棒，端部磨圆(图2-17)。

(3) 小铲、木尺、钢尺、拌板、镘刀等。

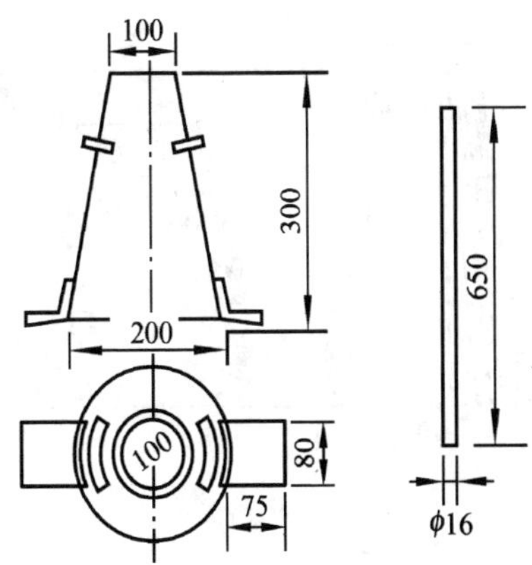

图 2-17 坍落度筒及捣棒

3）实验步骤

(1) 润湿坍落度筒及底板，在坍落度筒内壁和底板上应无明显水迹。底板放置在坚实的平面上，并把筒放在底板中心，然后用脚踩住两边的踏板，使坍落度筒在装料时保持固定的位置。

(2) 把取样或实验室制备的混凝土拌和物试样用小铲分3层均匀地装入筒内，使捣实后每层高度为筒高的1/3左右。每层用捣棒插捣25次，插捣应沿螺旋方向由外向中心进行，各次插捣应在截面上均匀分布。插捣筒边混凝土时，捣棒可以稍稍倾斜。插捣底层时，捣棒应贯穿整个深度，插捣第二层和顶层时，捣棒应插透本层达下一层的表面。浇灌顶层时，混凝土应灌到高出筒口。插捣过程中，如混凝土沉落到低于筒口，则应随时添加。顶层插捣完后，刮去多余的混凝土并用抹刀抹平。

(3) 清除筒边底板上的混凝土后，垂直平稳地提起坍落度筒。提离过程应在3～7s内完成。从开始装料到提起坍落度筒的整个进程应不间断地进行，并应在150s内完成。

(4) 提起坍落度筒后，轻放于试样旁边。当试样不再继续坍落或坍落时间达30s时，用钢尺量测筒高与坍落后混凝土试体最高点之间的高度差即为该混凝土拌和物的坍落度值(图2-18)。

坍落度筒提离后，如试件发生崩坍或一边剪坏现象，则应重新取样进行测定。如第二次仍出现这种现象，则表示该拌和物和易性不好，应予记录备查。

(5) 观察坍落后混凝土试体的黏聚性及保水性。①黏聚性的检查。用捣棒在已坍落的混凝土锥体侧面轻轻敲打。如果锥体逐渐下沉，则表示黏聚性良好；如果锥体倒塌、部分崩裂或出现离析现象，则表示黏聚性不好。②保水性的检查。坍落度筒提起后，如有较多的稀浆从底部析出，锥体部分的混凝土也因失浆而骨料外

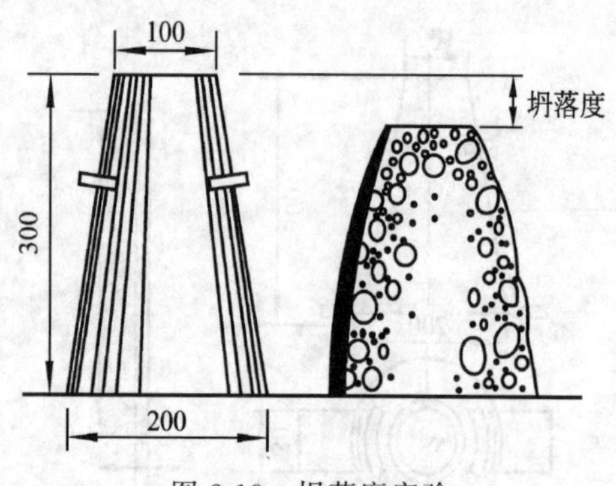

图 2-18　坍落度实验

露,则表明此混凝土拌和物的保水性能不好；如坍落度筒提起后无稀浆或仅有少量稀浆自底部析出,则表明混凝土拌和物的保水性良好。

(6) 当混凝土拌和物坍落度不小于 160mm 时,应使用钢尺测量混凝土拌和物展开扩展面的最大直径以及与最大直径呈垂直方向的直径；在两者之差小于 50mm 的条件下,用其算术平均值作为扩展度值；否则,此次实验无效。

(7) 坍落度、扩展度以 mm 为单位,测量精确至 1mm,结果修约至 5mm。

4）实验记录

混凝土拌和物稠度实验记录见表 2-47。

表 2-47　混凝土拌和物稠度与表观密度实验记录

试拌调整次数	25L 混凝土拌和物各材料用量/kg				和易性			混凝土拌和物表观密度 r_h/(kg·m^{-3})			
	水泥	水	砂子	石子	坍落度/mm	黏聚性	保水性	容量筒容积 V/L	容量筒质量 W_1/kg	容量筒及试样总质量 W_2/kg	表观密度
备注	1. 坍落度应满足要求(比如：要求坍落度为 35～50mm,55～70mm 等),黏聚性和保水性良好,若不能满足要求,则必须调整配合比,并重新试拌、检测,直至和易性良好。 2. 对和易性良好的混凝土拌和物,测定其表观密度										

2.维勃稠度法

1）实验目的

测定混凝土的维勃稠度，评定干硬性混凝土拌和物的流动性。本方法适用于集料最大粒径不大于40mm、维勃稠度在5～30s的混凝土拌和物的稠度测定。

2）仪器设备

（1）维勃稠度仪：由振动台、容器、旋转架、透明圆盘、坍落度筒等部分组成（图2-19）。

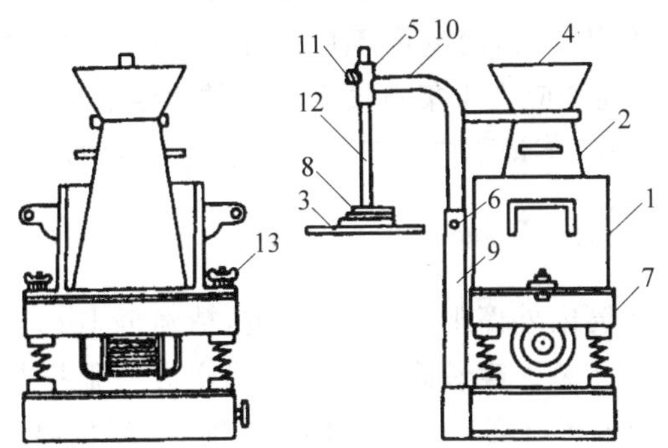

1—容器；2—坍落度筒；3—透明圆盘；4—喂料斗；5—套筒；6—定位螺丝；7—振动台；8—荷重；9—支柱；10—旋转架；11—测杆螺丝；2—测杆；13—固定螺丝。

图2-19 维勃稠度仪

（2）秒表，其他用具与坍落度实验相同。

3）实验步骤

（1）把维勃稠度仪放置在坚实水平的地面上，用湿布将容器、坍落度筒、喂料斗内壁及其他用具润湿。将喂料斗提到坍落筒上方扣紧，校正容器位置，使其中心与喂料中心重合，拧紧固定螺丝。

（2）将拌和物用小铲分三层经喂料斗均匀装入坍落度筒，装料及插捣方法与坍落度实验相同。

（3）将喂料斗转离，垂直提起坍落度筒，此时应注意不使混凝土试体产生横向的扭动。

（4）把透明圆盘转到混凝土圆台体顶面，放松测杆螺丝，降下圆盘，使其轻轻接触到混凝土顶面。拧紧定位螺丝，同时开启振动台和秒表，当透明圆盘的底面被水泥浆布满的瞬间停止计时，关闭振动台。由秒表读出的时间即为该混凝土拌和物的维勃稠度值，精确至1s。

2.5.3 混凝土拌和物表观密度实验

1. 实验目的

测定混凝土拌和物的表观密度，用于校正混凝土配合比中各组成材料的用量。

2. 仪器设备

(1) 容量筒：金属制圆筒，两旁装有手把。集料最大粒径不大于 40mm 时，宜采用容积不小于 5L 的容量筒，筒壁厚不应小于 3mm；集料最大粒径大于 40mm 时，容量筒的内径与内高均应大于集料最大粒径的 4 倍。

(2) 台秤(称量 50kg，感量不应大于 10g)、振动台、捣棒。

3. 实验步骤

(1) 用湿布将容量筒内外擦干净，称出筒重，精确至 10g。

(2) 将混凝土拌和物装入容量筒。装料和捣实方法根据其稠度而定。①坍落度大于 90mm 时，宜用捣棒捣实。采用捣棒捣实时，应根据容量筒的大小决定分层与捣实的次数。若用 5L 的容量筒，混凝土拌和物应分两层装入，每层的插捣次数应为 25 次。若用大于 5L 的容量筒，每层混凝土的高度不应大于 100mm，每层插捣次数应按每 10 000mm^2 的截面积不小于 12 次计算。各层均应由边缘向中心均匀地插捣，插捣底层时，捣棒应贯穿整个深度，插捣第二层时，捣棒应插透本层至下一层的表面。每一层捣完后，用橡皮锤轻轻沿容器外壁敲打 5～10 次，直至拌和物表面插捣孔消失且不见大气泡为止。②坍落度不大于 90mm 时，用振动台振实。一次将混凝土拌和物灌到高出容量筒口，装料时，用捣棒稍加插捣，振动过程中，如混凝土低于筒口，应随时添加混凝土，振动至表面出浆为止。

(3) 自密实混凝土应一次性填满，且不应进行振动和插捣。

(4) 用刮尺或镘刀齐筒口将多余的混凝土拌和物刮去，表面如有凹陷，应予以填平。将容量筒外壁擦净，称出混凝土与容量筒的总质量，精确至 10g。

4. 结果计算

混凝土拌和物表观密度 γ_h 按式(2-37)计算(精确至 10kg/m^3)：

$$\gamma_h = \frac{W_2 - W_1}{V} \times 1000 \tag{2-37}$$

式中，γ_h 为混凝土拌和物表观密度，kg/m^3；W_1 为容量筒的质量，kg；W_2 为容量筒和试样的总质量，kg；V 为容量筒的容积，L。

5. 实验记录

混凝土拌和物表观密度实验记录见表 2-47。

2.5.4 立方体抗压强度实验

1. 实验目的

测定混凝土立方体抗压强度，作为评定混凝土强度等级的依据，或检验混凝土的强度能否满足设计要求。

2. 仪器设备

(1) 压力试验机：测量精度为 1%，试件的预期破坏荷载值应大于全量程的 20%，且小于全量程的 80%，应具有加荷指示装置。

(2) 试模：由铸铁或钢制成，应有足够的刚度，组装后内部尺寸的误差不应大于公称尺寸的 0.2%，且不应大于 1mm。组装后各相邻面的不垂直度应不超过 0.5°。

(3) 振动台、捣棒、小铁铲、金属直尺、镘刀等。

3. 试件的制作

(1) 混凝土抗压强度以三个试件为一组，每一组试件应从同一盘搅拌或同一车运送的混凝土拌和物中取样，或为实验室同一次制备的混凝土拌和物，并同样养护。

(2) 150mm×150mm×150mm 的试件为标准试件。试件尺寸应根据骨料最大粒径按表 2-48 选定，当混凝土强度等级不低于 C60 时，宜采用标准试件。制作前，应将试模洗干净并在试模的内表面涂一薄层矿物油。

表 2-48 试件尺寸及强度换算系数

试件尺寸/mm	骨料最大粒径/mm	每层插捣次数/次	抗压强度换算系数
100×100×100	31.5	12	0.95
150×150×150	40.0	25	1.00
200×200×200	63.0	50	1.05

(3) 混凝土试件的成型方法应根据拌和物稠度确定。①坍落度不大于 90mm 的混凝土拌和物宜用振动台振实。将拌和物一次装入试模，装料时，应用抹刀沿试模内壁插捣并使混凝土拌和物高出试模上口。振动时，试模不得有任何自由跳动。振动应持续到拌和物表面出浆为止，应避免过度振动。振动结束后，刮去试模上口

多余的混凝土，待混凝土临近初凝时，用抹刀沿着试模口抹平。②坍落度大于90mm的混凝土拌和物宜用捣棒人工捣实。将混凝土拌和物分两层装入试模，每层装料厚度大致相等。插捣应按螺旋方向从边缘向中心均匀进行。插捣底层时，捣棒应达到试模底面，插捣上层时，捣棒应穿入下层20～30mm。插捣时，捣棒应保持垂直，不得倾斜，然后用平刀沿试模内壁插一遍。每层的插捣次数按10 000mm^{2}的截面积内不得少于12次(表2-48)。插捣后，应用橡皮锤轻轻敲击试模四周，直至捣棒留下的孔洞消失为止，刮除多余的混凝土，待混凝土临近初凝时，用抹刀沿着试模口抹平。

4. 试件的养护

(1) 试件成型后应立即用不透水的薄膜覆盖表面，以防水分蒸发。试件成型后应在温度为20℃±5℃、相对湿度大于50%的室内静置1～2d，然后编号、拆模。

(2) 拆模后的试件应立即放在温度为20℃±2℃、相对湿度为95%以上的标准养护室中养护，或在温度为20℃±2℃的不流动的氢氧化钙饱和溶液中养护，在标准养护室内，试件应放在架上，彼此间隔为10～20mm，试件表面应保持潮湿，并应避免用水直接冲淋试件。试件养护龄期可分为1d、3d、7d、28d、56d(或60d)、84d(或90d)、180d等，也可根据设计龄期或需要确定，龄期应从搅拌加水开始计时。

(3) 与结构构件同条件养护的试件，其拆模时间可与实际构件的拆模时间相同。拆模后，试件仍需保持与构件同条件养护。

5. 实验步骤

(1) 试件自养护地点取出后，应及时进行实验，用干毛巾将试件表面和上、下承压板面擦干净，并测量其尺寸，精确至1mm，据此计算试件的承压面积。若试件实测尺寸与公称尺寸之差不超过1mm，可按公称尺寸计算承压面积。

(2) 将试件安放在压力机的下承压板上，以试件成型时的侧面为承压面。试件的中心应与试验机下压板中心对准。开动试验机，当上压板与试件接近时，调整球座，使接触面均衡受压。

(3) 在实验过程中，应持续均匀地加荷，加荷速度为：混凝土强度等级小于C30时，取0.3～0.5MPa/s；混凝土强度等级大于或等于C30且小于C60时，取0.5～0.8MPa/s；混凝土强度等级大于或等于C60时，取0.8～1.0MPa/s。

(4) 当试件接近破坏开始急速变形时，应停止调整试验机油门，直至试件破坏。记录破坏荷载。

6. 结果计算

(1) 按式(2-38)计算试件的抗压强度(f_{ce})，精确至0.1MPa。

$$f_{ce}=\frac{F}{A} \tag{2-38}$$

式中，F 为试件破坏荷载，N；A 为试件承压面积，mm^2。

(2) 抗压强度值的确定应符合下列规定。①以三个试件测值的算术平均值作为该组试件的抗压强度值；②三个测值中的最大值或最小值中，如有一个与中间值的差超过中间值的15%，则将最大值及最小值一并舍去，取中间值作为该组试件的抗压强度值；③如最大值和最小值与中间值的差值均超过中间值的15%，则该组实验无效。

(3) 混凝土的抗压强度值以150mm×150mm×150mm试件的抗压强度值为标准值，其他尺寸试件的测定结果应进行换算，换算时，乘以表2-48中的换算系数。当混凝土强度等级不小于C60时，宜采用标准试件；当使用非标准试件时，混凝土强度等级不大于C100时，尺寸换算系数应由实验确定，在未进行实验确定的情况下，对100mm×100mm×100mm试件可取为0.95。混凝土强度等级大于C100时，尺寸换算系数应经实验确定。

7. 实验记录

混凝土立方体抗压强度实验记录见表2-49。

表2-49 混凝土立方体抗压强度实验记录

试样编号	受压面积/mm^2	破坏荷载/kN	抗压强度/MPa			备注
			单块值/MPa	最大值、最小值与中间值的差是否超过中间值的15%	代表值/MPa	
						1. 标准养护； 2. 龄期为____d

2.5.5 实验注意事项

1. 实验难点

调整和易性。混凝土拌和物和易性不满足要求时，应遵循以下方法进行调整：①坍落度过小，则水灰比不变，适当增加水泥浆量；②坍落度过大，则水灰比和砂率不变，适当增加砂、石用量；③黏聚性或保水性不好，则水灰比不变，适当增加砂率。

综上所述，调整和易性时，必须遵守的一个重要原则就是：保持水灰比不变

(为什么？怎样保持水灰比不变？请做实验思考题)！

2. 容易出错处

(1) 测定和易性时，应插捣充分(分三层装入和螺旋式地由外向内插捣)，插捣不均匀将直接影响坍落度、黏聚性和保水性测定结果(当提起坍落度筒后，发现混凝土拌和物外表面没有泛出水泥浆，或有蜂窝、孔洞，则表明插捣不充分，应重新分层装入和插捣)。

(2) 成型强度试件时，应振动到混凝土表面泛出水泥浆，但避免过度振动。

(3) 强度实验时加荷速度不能过快或过慢(加荷过快，强度偏高；加荷过慢，强度偏低)，应按照规定的速度加压试件，例如：混凝土强度等级大于或等于C30且小于C60时，加荷速度取0.5～0.8MPa/s，换算成荷载值为11.25～18.0kN/s(如何换算？请做实验思考题)。

(4) 强度实验时，应合理选择压力试验机的量程。合理的量程应该是：最大破坏荷载应在压力机量程的20%～80%范围内。

(5) 将试件安放在压力机的下承压板试压时，一定要以试件"成型面"的侧面为承压面。切不可将"成型面"做承压面。所谓"成型面"就是在制作试件时用抹刀抹平的那一面，此面不平整，若此面受压，会使混凝土试件所受压力不均匀，产生应力集中，导致试件未达到真实强度时因局部压力过大而提前破坏，造成抗压强度值严重偏低。

(6) 混凝土立方体抗压强度计算(注意非标准试件强度换算)和强度代表值的确定。

(7) 压力试验机指针不对零，调整丝杆，或调整丝盘，再微调至零点。

(8) 试验机加荷到中途突然停机，往往是事先液压油没有回流完全，造成实验加压进程中管路缺油而停机，应立即停止实验，充分回油后换一组试样再重新开始(原试样作废)。

实验思考题

1. 调整混凝土拌和物和易性时，为什么要保持水灰比不变？

2. 某一组同学在进行混凝土拌和物性能实验，称取的各材料用量分别为：水泥8.20kg，水3.85kg，砂子11.80kg，碎石24.00kg。搅拌均匀后，测得的坍落度过小，决定增加200mL水重新拌和，于是该组同学把调整后的各材料用量分别确定为：水泥8.20kg(未变)，水3.85kg+0.20kg，砂子11.80kg(未变)，碎石24.00kg(未变)。请问：他们的做法正确吗？如果增加200mL水，你认为应该如何调整各

材料用量?(通过计算给出结果)

3. 在第 2 题中,如果初次拌和后测得的坍落度过大,拟增加 0.50kg 砂子,重新称量各材料并试拌、检测,你认为应该如何调整各材料用量?(通过计算给出结果)

4. 现有一组标准立方体混凝土试件,其强度为 C30～C60,根据相关标准规定,试压时的加荷速度宜取 0.5～0.8MPa/s,如果将加荷速度换算成荷载值(单位是 kN/s)更直观,便于控制(因为试验机直接显示的就是荷载值),请问应如何换算?

5. 有三组立方体混凝土试件,其尺寸及各试件破坏荷载情况如下:

(1) 边长 100mm 的立方体试件,3 块试件破坏荷载值分别为 243kN、227kN、250kN;

(2) 边长 150mm 的立方体试件,3 块试件破坏荷载值分别为 583kN、598kN、480kN;

(3) 边长 200mm 的立方体试件,3 块试件破坏荷载值分别为 1058kN、1279kN、1510kN。

试计算确定各组试件抗压强度代表值。

2.6　普通混凝土配合比设计实验

混凝土配合比是指单位体积的混凝土中各组成材料的质量比例关系,把确定这种数量比例关系的工作,称为"混凝土配合比设计"。

混凝土配合比有两种表示方法:①以每立方米混凝土中各组成材料的质量表示。如某混凝土配合比为:水泥 300kg/m^3,水 180kg/m^3,砂 720kg/m^3,石子 1200kg/m^3;②以各组成材料之间的质量比表示(以水泥为 1),如上述配合比也可表示为:水泥∶砂∶石子=1∶2.4∶4,水灰比为 0.60。

设计出的混凝土配合比需满足以下基本要求:①满足混凝土结构设计的强度等级;②满足施工所要求的混凝土拌和物的和易性;③满足混凝土结构所处环境条件下的耐久性要求;④在保证上述三项基本要求的前提下,应尽量节约水泥,降低成本。

普通混凝土中 4 种主要组成材料(水泥、砂子、石子、水)的比例,通常由水灰比、砂率和单位用水量 3 个参数控制。这 3 个参数与混凝土的各项性能之间有着密切的关系。正确确定了这 3 个参数,就能使混凝土满足设计基本要求。①水灰比。水灰比为水与水泥的质量之比。水灰比影响着混凝土强度和耐久性。在满足强度和耐久性的要求下,应选用较大水灰比,以节约水泥。②砂率。砂率指混凝土中砂的质量占砂、石总质量的百分比。砂率影响新拌混凝土的和易性,尤其对黏聚性和保水性影响较大。在满足和易性的前提下,应选用较小的砂率,以节约水泥。③单位用水量。指每立方米混凝土拌和物中水的用量。单位用水量主要影响新拌混凝土的流动性,在满足流动性的前提下,应取较小的用水量,以节约水泥,并减小泌水。

按 JGJ 55—2011《普通混凝土配合比设计规程》,混凝土配合比设计主要经历以下几步:计算初步配合比(通过公式计算、查表等)、确定试拌配合比(试配与调整)、确定设计配合比(强度检验、配合比的校正等)、计算施工配合比(粗、细集料含水率修正)。

本节主要是通过完成给定的混凝土配合比设计任务书,熟悉和掌握普通混凝土配合比设计的各个环节,以提高科学研究能力,如查阅文献的能力,设计实验的能力,发现问题、分析问题、解决问题的能力,以及归纳、总结的能力等。

2.6.1 实验目的

熟悉混凝土配合比的设计步骤;掌握混凝土配合比计算、试配与调整方法。

2.6.2 混凝土配合比设计任务书

某工程的预制钢筋混凝土梁(不受风雪影响)的混凝土设计强度等级为 C25。施工要求坍落度为 35～50mm。该施工单位无历史统计资料。

原材料如下。

水泥:矿渣水泥,28d 实测强度 35.0MPa,表观密度 3.1g/cm^3。

砂子:中砂,表观密度 2.65g/cm^3。

石子:碎石,表观密度 2.70g/cm^3,最大粒径 20mm。

拌和水:自来水。

根据以上资料设计该混凝土配合比。如果施工现场测得砂子含水率为 5%,石子含水率为 2%,求出施工配合比。

2.6.3 实验准备

1. 收集查阅相关设计资料

相关资料包括 JGJ 55—2011《普通混凝土配合比设计规程》、《土木工程材料》、《土木工程材料实验》等,为混凝土配合比的计算、试配与调整等做好理论储备。

2. 计算初步配合比

①计算配制强度;②计算水灰比(注意最大水灰比的概念);③确定单位用水

量；④计算水泥用量(注意最小水泥用量的概念)；⑤确定砂率；⑥计算砂、石子用量(用质量法或体积法，二者选一)。

得出初步配合比，即每立方米混凝土各材料用量。相关计算过程与结果记录在表 2-50 中。

表 2-50 计算初步配合比

计算配制强度				
计算水灰比 (注意"最大水灰比"的概念)				
确定单位用水量(给出理由)				
计算水泥用量 (注意"最小水泥用量"的概念)				
确定砂率(给出理由)				
计算砂、石子用量(质量法或体积法)				
初步配合比 每立方米混凝土各材料用量/kg	水泥	砂子	石子	水
试拌 25L 各材料用量/kg				
备注	所有的计算均需列出公式，然后代入数据，得出结果			

2.6.4 实验步骤

1. 确定试拌配合比

(1) 按计算得到的初步配合比在实验室试拌 25L 混凝土拌和物，拌和均匀。

(2) 测定混凝土拌和物的和易性(坍落度、黏聚性、保水性)，如不符合要求，应调整配合比，直至和易性合格(此为试拌配合比)。做好调整前及每一次调整后的原材料用量变动记录。

(3) 相关记录与结果见表 2-51。

2. 确定设计配合比

(1) 强度检验。试配时采用三个不同的配合比，其中一个为上述确定的试拌配合比，另两个配合比的水灰比宜较试拌配合比的水灰比分别±0.05，用水量与试拌配合比相同，砂率可分别±1%(数据记录在表 2-52 中)。

表 2-51　混凝土拌和物和易性测定与调整实验记录

调整次数	试拌 25L 各材料用量/kg				和易性			备注
	水泥	水	砂子	石子	坍落度/mm	黏聚性	保水性	要求坍落度为 35～50mm，黏聚性和保水性良好，若不能满足此要求，则必须调整配合比，并重新试拌、检测，直至和易性合格，得到试拌配合比
1								
2								
3								
4								
5								
试拌配合比	水泥：砂子：石子：水＝							

表 2-52　混凝土设计配合比强度检验记录

配合比编号	试配 25L 各材料用量/kg				水灰比(W/C)	灰水比(C/W)	表观密度实测值/(kg·m^{-3})	和易性			抗压实验(28d)		
	水泥	砂子	石子	水				坍落度/mm	黏聚性	保水性	破坏荷载/kN	单块强度值/MPa	强度代表值/MPa
$1^{\#}$													
$2^{\#}$													
$3^{\#}$													
备注	$1^{\#}$为水灰比减少 0.05 的配合比；$2^{\#}$为试拌配合比(基准)；$3^{\#}$为水灰比增加 0.05 的配合比												

(2) 分别测定不同配合比混凝土的表观密度、和易性和 28d 立方体抗压强度(相关结果记录在表 2-52 中)。

(3) 绘制强度与灰水比线性关系图(图 2-20)。在图中找到(图解法)或计算出(插值法)与配制强度相对应的灰水比。

(4) 根据试拌配合比和强度检验所确定的灰水比，确定初步的设计配合比。①用水量可取试拌配合比用水量；②水泥用量以用水量乘以图解法或插值法求出的灰水比得出；③砂子、石子用量可取试拌配合比砂子、石子用量，至此得出初步的设计配合比(相关计算过程记录在表 2-53 中)。

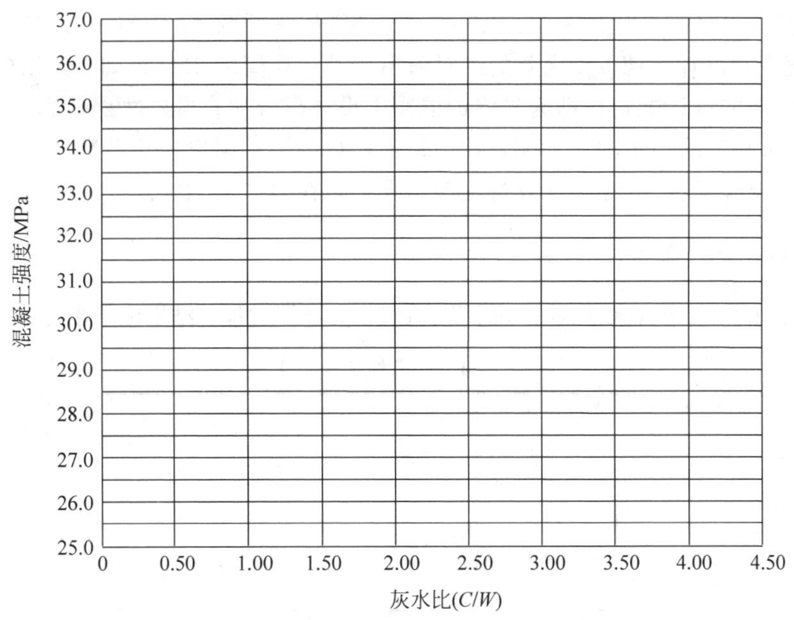

图 2-20 混凝土强度与灰水比线性关系图

表 2-53 确定设计配合比

<table>
<tr><td colspan="2">与混凝土配制强度相对应的灰水比
（图解法查得或插值法算出）</td><td colspan="4"></td></tr>
<tr><td rowspan="4">每立方米
混凝土各
材料用量</td><td>水 m_w/kg</td><td colspan="4"></td></tr>
<tr><td>水泥 m_c/kg</td><td colspan="4"></td></tr>
<tr><td>砂子 m_s/kg</td><td colspan="4"></td></tr>
<tr><td>石子 m_g/kg</td><td colspan="4"></td></tr>
<tr><td rowspan="4">配合比校正</td><td>表观密度计算值/$(\mathrm{kg \cdot m^{-3}})$</td><td colspan="4">$\rho_{c.c}=$</td></tr>
<tr><td>表观密度实测值/$(\mathrm{kg \cdot m^{-3}})$</td><td colspan="4">$\rho_{c.t}=$</td></tr>
<tr><td>校正系数</td><td colspan="4">$\delta=\frac{\rho_{c,t}}{\rho_{c,c}}=$</td></tr>
<tr><td>理论值与实测值之间的比较</td><td colspan="4">$\frac{\lvert\rho_{c,t}-\rho_{c,c}\rvert}{\rho_{c,c}}=$</td></tr>
<tr><td rowspan="2">设计配合比（每立方米混凝土各材料用量）</td><td>水泥 m_c/kg</td><td>砂子 m_s/kg</td><td>石子 m_g/kg</td><td>水 m_w/kg</td></tr>
<tr><td></td><td></td><td></td><td></td></tr>
<tr><td>备注</td><td colspan="4">所有的计算均需列出计算式，得出结果</td></tr>
</table>

(5) 配合比校正。对上述第(4)项确定的初步的设计配合比还需进行表观密度校正。①计算出初步的设计配合比的表观密度 $\rho_{c.c}$(各项材料用量之和)；②实

测出初步的设计配合比的表观密度 $\rho_{c.t}$；③计算校正系数 δ；④当表观密度实测值 $\rho_{c.t}$ 与表观密度计算值 $\rho_{c.c}$ 之差的绝对值不超过计算值的 2%时，则上述第(4)项所确定的初步的设计配合比即为最终的混凝土设计配合比；当超过 2%时，应将上述第(4)项所确定的初步的设计配合比中每项材料的用量乘以校正系数后，得出最终的混凝土设计配合比(相关计算过程与结果记录在表 2-53 中)。

3. 确定施工配合比

根据砂子、石子含水率，计算施工配合比(相关计算过程与结果记录在表 2-54 中)。

表 2-54　计算施工配合比

<table>
<tr><td rowspan="4">若施工现场测得：
砂子含水率为________%，
石子含水率为________%</td><td>水泥用量 m'_c /kg</td><td colspan="4"></td></tr>
<tr><td>砂子用量 m'_s /kg</td><td colspan="4"></td></tr>
<tr><td>石子用量 m'_g /kg</td><td colspan="4"></td></tr>
<tr><td>用水量 m'_w /kg</td><td colspan="4"></td></tr>
<tr><td colspan="2" rowspan="2">施工配合比</td><td>水泥 m'_c /kg</td><td>砂子 m'_s /kg</td><td>石子 m'_g /kg</td><td>水 m'_w /kg</td></tr>
<tr><td></td><td></td><td></td><td></td></tr>
<tr><td colspan="2">备注</td><td colspan="4">所有的计算均需列出计算式，得出结果</td></tr>
</table>

注：表中用量均为每立方米混凝土各材料用量。

2.6.5　实验注意事项

1. 实验难点

(1) 计算初步配合比。①计算出的水灰比与“最大水灰比”相比较(不得大于“最大水灰比”，否则就取“最大水灰比”)；②计算出的水泥用量与“最小水泥用量”相比较(不得小于“最小水泥用量”，否则就取“最小水泥用量”)；③用质量法或体积法列方程组解得砂子、石子用量。

(2) 确定试拌配合比。①和易性调整同“普通混凝土实验”部分；②计算试拌配合比(和易性满足要求的配合比为试拌配合比，其计算方法可通过“实验思考题”练习)。

(3) 确定设计配合比。①通过混凝土强度与灰水比线形关系图，确定与混凝土配制强度相对应的灰水比；②确定初步设计配合比。按下列原则确定每立方米材料的用量：用水量(m_w)取试拌配合比用水量；水泥用量(m_c)为用水量乘以选定出的灰水比；粗、细集料用量(m_g、m_s)取试拌配合比的粗、细集料用量；③配合比校正(计算校正系数，并通过计算比较确定是否需要校正)。如果不需要校正，则上述第(3)项第②步确定的配合比即为最终的设计配合比；如果需要校正，则将上述第(3)项第②步确定的配合比中各项材料用量均乘以校正系数，得出最终的设计配合比。

(4) 计算施工配合比。用施工现场测得的砂子含水率与石子含水率，对设计配合比中各项材料用量进行修正，得出施工配合比(可通过"实验思考题"练习计算)。

2. 容易出错处

按 JGJ 55—2011《普通混凝土配合比设计规程》，混凝土配合比设计先后经历以下几步：计算配合比(初步配合比)、确定试拌配合比、确定设计配合比、计算施工配合比。每一步中的每一个计算都要仔细认真，否则就容易出错，且形成连锁反应，导致接下来的计算结果都出现错误。

实验思考题

1. 混凝土配合比设计的基本要求是什么？

2. 解释混凝土配合比设计中三个主要参数的概念，它们对混凝土性能有何影响？

3. 混凝土配合比有几种表示方法？(举例说明)

4. 在混凝土配合比设计中为什么要限制"最大水灰比"和"最小水泥用量"？

5. 某混凝土试配前，称取各项材料用量分别为：水泥 3.1kg，砂子 6.5kg，石子 12.5kg，水 1.8kg。①若拌制的混凝土和易性符合要求，测得拌和物表观密度为 $2400kg/m^3$，计算每立方米混凝土各项材料用量；②若拌制的混凝土流动性不足，于是保持水灰比不变，增加水泥浆 10%，经试拌、检测，和易性符合要求，计算其试拌配合比(用各项材料之间的质量比形式表示)。

6. 混凝土设计配合比为水泥：砂子：石子 ＝ 1：2.3：4.5，水灰比 0.60，每立方米混凝土中水泥用量为 290kg。①计算每立方米混凝土各材料用量；②施工现场砂子含水率为 3%，石子含水率为 1%，求施工配合比(用每立方米混凝土各项材料质量表示)。

7. 设计某非受冻部位的钢筋混凝土，设计强度等级为 C30，强度保证率为 95%，采用 42.5 级普通水泥(水泥 28d 实测强度为 46.0MPa)，细集料为Ⅱ区中砂，粗集料为 5～40 连续粒级碎石，砂率为 35%，单位用水量为 180kg，假设混凝土拌和物的表观密度为 2400kg/m³,试计算该混凝土初步配合比(已知:强度标准差为 σ=5.0MPa,最大水灰比为 0.60,最小水泥用量为 300kg/m³)。

8. 某混凝土的设计配合比为水泥:砂:石子 = 1:2.1:4.3,水灰比 W/C=0.54。已知水泥密度为 3.1g/cm³,砂、石子的表观密度分别为 2.6g/cm³ 及 2.65g/cm³。试计算每立方米混凝土中各项材料用量(不含引气剂)。

2.7 建筑砂浆实验

砂浆是由胶凝材料、细集料、水及掺合料按一定比例配制而成的建筑材料。砂浆的主要技术性质包括新拌砂浆的和易性与硬化后砂浆的强度。

砂浆的和易性是指砂浆于硬化前,在搅拌、运输、摊铺时易于流动并且不易失水的性质,它包含流动性和保水性。流动性用"稠度"表示,保水性用"保水率"表示,保水性好的砂浆能保持水分不至于很快流失,各组分不易离析。在拌制水泥砂浆时,为改善砂浆的和易性,常加入一定的掺合料(石灰膏、黏土膏、粉煤灰等)配制成水泥混合砂浆。

砂浆在砌体中主要起黏结砌块和传递荷载的作用,因此要求砂浆应具有一定的抗压强度和黏结力。砂浆的抗压强度是确定砂浆强度等级的重要依据,抗压强度高的砂浆,其与基层的黏结力也高。

本节主要介绍砂浆基本性能(如稠度、分层度、表观密度、保水率、立方体抗压强度等)实验、检测方法。

2.7.1 砂浆拌和物取样和制备

1. 砂浆拌和物取样

(1) 建筑砂浆实验用料应从同一盘搅拌或同一车运送的砂浆中取出。取样量不应少于实验所需量的 4 倍。

(2) 施工过程中进行砂浆实验时,其取样方法和原则应按现行有关施工验收规范执行。并宜在现场搅拌点或预拌砂浆卸料点的至少三个不同部位及时取样。

(3) 对于现场取得的试样,实验前应经人工再翻拌均匀,从取样完毕到开始进行各项性能实验,不宜超过 15min。

2. 砂浆拌和物制备

1) 一般规定

(1) 拌制砂浆所用的原材料,应符合质量标准,并提前 24h 运入实验室内,拌和时实验室的温度应保持在 20℃±5℃,实验所用原材料应与现场使用的材料一致。砂应通过 4.75mm 的筛。

(2) 拌制砂浆时,材料应以质量计。称量精度为:水泥、外加剂、掺合料等为±0.5%;砂为±1%。

(3) 在实验室搅拌砂浆时应采用机械搅拌,搅拌量宜为搅拌机容量的 30%~70%,搅拌时间不应小于 120s,掺有掺合料和外加剂的砂浆,其搅拌时间不应小于 180s。

2) 仪器设备

砂浆搅拌机、拌和铁板(约 1.5m×2m,厚度约 3mm)、磅秤(称量 50kg,感量 50g)、台秤(称量 10kg,感量 5g)、拌铲、抹刀、量筒、盛料容器等。

3) 拌和方法

(1) 人工拌和。①将称量好的砂子(风干砂)倒在拌和板上,然后加入水泥,用拌铲拌和至混合物颜色均匀为止;②将混合物堆成堆,在中间做一凹槽,将称好的石灰膏(或黏土膏)倒入凹槽中(若为水泥砂浆,则将称好的水的一半倒入凹槽中),再加入适量的水将石灰膏(或黏土膏)调稀,然后与水泥、砂共同拌和,用量筒逐次加水并拌和,直至拌和物色泽一致,和易性凭经验调整到符合要求为止;③水泥砂浆每翻拌一次,需用铲将全部砂浆压切一次,一般需拌和 3~5min(从加水完毕时算起)。

(2) 机械拌和。①先拌适量砂浆(应与正式拌和的砂浆配合比相同),使搅拌机内壁黏附一薄层水泥砂浆,使正式拌和时的砂浆配合比成分准确;②称出各材料用量,再将砂、水泥装入搅拌机内;③开动搅拌机,将水徐徐加入(混合砂浆需将石灰膏或黏土膏用水稀释至浆状),搅拌约 3min;④将砂浆拌和物倒入拌和铁板上,用拌铲翻拌约两次,使之均匀。

2.7.2 砂浆稠度实验

1. 实验目的

测定砂浆的稠度,用于控制配合比或确定满足施工稠度要求的砂浆用水量。

2. 仪器设备

(1) 砂浆稠度测定仪:由试锥、容器和支座三部分组成(图 2-21)。试锥高度为 145mm,锥底直径为 75mm,试锥连同滑杆的质量为 300g±2g;盛砂浆容器应由钢板制成,高为 180mm,锥底内径为 150mm;支座分底座、支架及稠度显示三个部分。

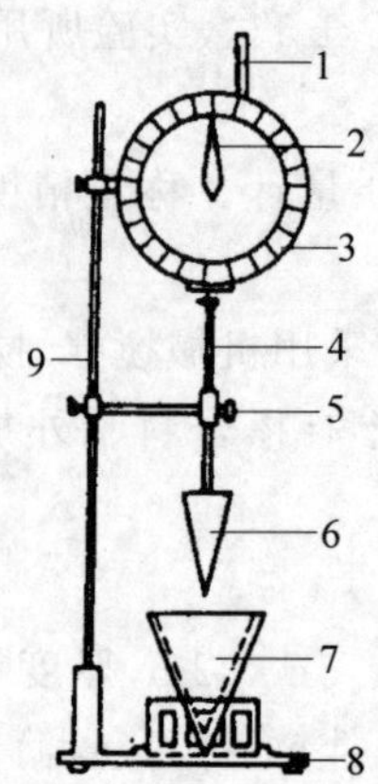

1—齿条指针；2—指针；3—刻度盘；4—滑杆；5—制动螺丝；
6—试锥；7—盛浆容器；8—底座；9—支架。

图 2-21 砂浆稠度测定仪

(2) 钢制捣棒：直径 10mm，长 350mm，端部磨圆。

(3) 秒表、铁铲等。

3. 实验步骤

(1) 将盛浆容器和试锥表面用湿布擦干净，检查滑杆能否自由滑动。

(2) 将砂浆拌和物一次装入容器，砂浆表面低于容器口 10mm 左右，用捣棒自容器中心向边缘插捣 25 次，然后轻轻地将容器摇动或敲击 5～6 下，使砂浆表面平整，随后将容器置于稠度测定仪的底座上。

(3) 放松试锥滑杆的制动螺丝，向下移动滑杆，使试锥尖端与砂浆表面刚好接触，拧紧制动螺丝，使齿条测杆下端刚好接触滑杆上端，并将指针对准零点。

(4) 突然松开制动螺丝，使试锥自由沉入砂浆中，待 10s，立即拧紧螺丝，将齿条测杆下端接触滑杆上端，从刻度盘上读出下沉深度(精确至 1mm)，即为砂浆的稠度值。

(5) 圆锥形容器内的砂浆只允许测定一次稠度，重复测定时，应重新取样测定。

4. 结果评定

(1) 取两次实验结果的算术平均值作为砂浆稠度的测定结果，精确至 1mm。

(2) 若两次实验值之差大于 10mm，应重新取样测定。

5. 实验记录

砂浆稠度实验记录见表 2-55。

表 2-55 砂浆稠度、分层度实验记录

<table>
<tr><td rowspan="2">试拌及调整次数</td><td colspan="4">10L 砂浆拌和物各材料用量/kg</td><td colspan="2">稠度/mm</td><td colspan="4">分层度/mm</td></tr>
<tr><td>水泥</td><td>水</td><td>砂子</td><td>石灰膏</td><td>测定值/mm</td><td>平均值/mm</td><td>静置前稠度/mm</td><td>静置后稠度/mm</td><td>分层度测定值/mm</td><td>平均值/mm</td></tr>
<tr><td rowspan="2"></td><td rowspan="2"></td><td rowspan="2"></td><td rowspan="2"></td><td rowspan="2"></td><td></td><td rowspan="2"></td><td rowspan="2"></td><td></td><td></td><td rowspan="2"></td></tr>
<tr><td></td><td></td><td></td></tr>
<tr><td rowspan="2"></td><td rowspan="2"></td><td rowspan="2"></td><td rowspan="2"></td><td rowspan="2"></td><td></td><td rowspan="2"></td><td rowspan="2"></td><td></td><td></td><td rowspan="2"></td></tr>
<tr><td></td><td></td><td></td></tr>
<tr><td rowspan="2"></td><td rowspan="2"></td><td rowspan="2"></td><td rowspan="2"></td><td rowspan="2"></td><td></td><td rowspan="2"></td><td rowspan="2"></td><td></td><td></td><td rowspan="2"></td></tr>
<tr><td></td><td></td><td></td></tr>
</table>

2.7.3 砂浆分层度实验

1. 实验目的

测定砂浆分层度，评定砂浆拌和物在运输及停放时内部组分的稳定性。

2. 仪器设备

(1) 分层度测定仪：由钢板制成，其内径为 150mm，上节高度为 200mm，下节带底净高为 100mm，两节的连接处应加宽 3～5mm(图 2-22)，连接时，上、下节之间加设橡胶垫圈。

(2) 砂浆稠度仪、木锤等。

1—无底圆筒；2—连接螺栓；3—有底圆筒。

图 2-22 砂浆分层度测定仪

3. 实验步骤

1) 标准法

(1) 先按砂浆稠度实验方法测定拌和物的稠度。

(2) 将砂浆拌和物一次装入分层度筒内，待装满后，用木锤在容器周围距离大致相等的 4 个不同地方轻轻敲击一两下，如砂浆沉落到低于筒口，则应随时添加，然后刮去多余的砂浆，并用抹刀抹平。

(3) 静置 30min，去掉上节 200mm 砂浆，然后将剩余的 100mm 砂浆倒入拌和锅内重新拌 2min,再按稠度实验方法测定其稠度。前后测得的稠度之差即为该砂浆的分层度值,精确至 1mm。

2) 快速法

(1) 先按砂浆稠度实验方法测定拌和物的稠度。

(2) 将分层度筒预先固定在振动台上,砂浆一次装入分层度筒内,振动 20s。

(3) 去掉上节 200mm 砂浆,剩余的 100mm 砂浆倒入拌和锅内重新拌 2min,再按稠度实验方法测定其稠度。前后测得的稠度之差即为该砂浆的分层度值,精确至 1mm。

如实验结果有争议时,以标准法为准。

4. 结果评定

(1) 取两次实验结果的算术平均值作为该砂浆的分层度值,精确至 1mm。

(2) 两次分层度实验值之差若大于 10mm,应重新取样测定。

5. 实验记录

砂浆分层度实验记录见表 2-55。

2.7.4 砂浆表观密度实验

1. 实验目的

测定砂浆拌和物表观密度,用于评定砂浆是否满足对表观密度的技术要求或校正砂浆配合比中各组成材料的用量。

2. 仪器设备

(1) 容量筒:由金属制成,内径为 108mm,净高为 109mm,筒壁厚为 2～5mm,容积为 1L。

(2) 天平:量程为 5kg,感量为 5g。

(3) 砂浆表观密度测定仪(图 2-23),秒表。

(4) 钢制捣棒:直径为 10mm,长度为 350mm,端部磨圆。

(5) 振动台:振幅为 0.5mm±0.05mm,频率为 50Hz±3Hz。

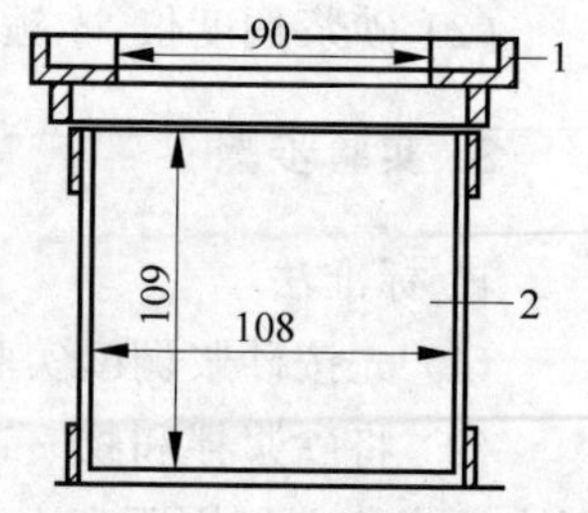

1—漏斗;2—容量筒。

图 2-23 砂浆表观密度测定仪

3. 实验步骤

(1) 按砂浆拌和物稠度实验方法测定其稠度。

(2) 先采用湿布擦净容量筒的内表面，再称量容量筒的质量 m_1，精确至 5g。

(3) 捣实可采用人工或机械方法。当砂浆稠度大于 50mm 时，宜采用人工捣实，当砂浆稠度不大于 50mm 时，宜采用机械振动法捣实。

(4) 采用人工捣实时，将砂浆拌和物一次装满容量筒，使稍有富余，用捣棒由边缘向中心均匀地插捣 25 次。当插捣过程中砂浆沉落到低于筒口时，应随时添加砂浆，再用木锤沿容器外壁敲击 5～6 下。

采用振动法时，将砂浆拌和物一次装满容量筒，连同漏斗在振动台上振 10s，当振动过程中砂浆沉入到低于筒口时，应随时添加砂浆。

(5) 捣实或振动后，应将筒口多余的砂浆拌和物刮去，使砂浆表面平整，然后将容量筒外壁擦净，称出砂浆与容量筒的总质量 m_2，精确至 5g。

4. 结果计算

砂浆拌和物表观密度按式(2-39)计算：

$$\rho = \frac{m_2 - m_1}{V} \times 1000 \tag{2-39}$$

式中，ρ 为砂浆拌和物表观密度，kg/m^3；m_1 为容量筒的质量，kg；m_2 为容量筒与试样的质量，kg；V 为容量筒的容积，L。

取两次实验结果的算术平均值作为测定值，精确至 $10kg/m^3$。

5. 实验记录

砂浆拌和物表观密度实验记录见表 2-56。

表 2-56 砂浆拌和物表观密度实验记录

实验编号	容量筒质量 m_1/kg	容量筒与试样质量 m_2/kg	容量筒容积 V/L	砂浆拌和物表观密度 $\rho/(kg \cdot m^{-3})$	
				测定值	平均值

2.7.5 砂浆保水性实验

1. 实验目的

测定砂浆保水性，评定砂浆拌和物在存放、运输和使用过程中保持水分的能力。

2. 仪器设备

(1) 金属或硬塑料圆环试模：内径为100mm，内部高度为25mm。
(2) 可密封的取样容器(清洁、干净)。
(3) 2kg重物(砝码)。
(4) 金属滤网：网格尺寸45μm，圆形，直径为110mm±1mm。
(5) 超白滤纸：采用现行国家标准GB/T 1914—2017《化学分析滤纸》规定的中速定性滤纸，直径为110mm，单位面积质量应为200g/m^2。
(6) 两片金属或玻璃的方形或圆形不透水片，边长或直径应大于110mm。
(7) 天平：量程为200g，感量为0.1g；量程为2000g，感量为1g。
(8) 烘箱。

3. 实验步骤

(1) 称量底部不透水片与干燥试模质量m_1和15片中速定性滤纸质量m_2。
(2) 将砂浆拌和物一次性装入试模，并用抹刀插捣数次，当装入的砂浆略高于试模边缘时，用抹刀以45°角一次性将试模表面多余的砂浆刮去，然后再用抹刀以较平的角度在试模表面反方向将砂浆刮平。
(3) 抹掉试模边的砂浆，称量试模、底部不透水片与砂浆总质量m_3。
(4) 用金属滤网覆盖在砂浆表面，再在滤网表面放上15片滤纸，用上部不透水片盖在滤纸表面，以2kg重物把上部不透水片压住。
(5) 静置2min后移走重物及上部不透水片，取出滤纸(不包括滤网)，迅速称量滤纸质量m_4。
(6) 按照砂浆的配比及加水量计算砂浆的含水率。当无法计算时，可按规定测砂浆含水率(含水率测定见本节"5.砂浆含水率测定")。

4. 结果计算

(1) 砂浆保水率按式(2-40)计算：

$$W=\left[1-\frac{m_4-m_2}{\alpha\times(m_3-m_1)}\right]\times 100\% \tag{2-40}$$

式中，W为砂浆保水率，%；m_1为底部不透水片与干燥试模质量，g，精确至1g；m_2为15片滤纸吸水前的质量，g，精确至0.1g；m_3为试模、底部不透水片与砂浆的总质量，g，精确至1g；m_4为15片滤纸吸水后的质量，g，精确至0.1g；α为砂浆含水率，%。

(2) 取两次实验结果的算术平均值为砂浆保水率,精确至0.1%,第二次实验应重新取样测定。当两次测定值之差超过2%时,此组实验结果无效。

5. 砂浆含水率测定

1) 实验步骤

称取100g±10g砂浆拌和物试样,置于一干燥并已称重的盘中;在105℃±5℃的烘箱中烘干至恒重。

2) 结果计算

(1) 砂浆含水率按式(2-41)计算:

$$\alpha=\frac{m_6-m_5}{m_6}\times 100\% \tag{2-41}$$

式中,α为砂浆含水率,%;m_5为烘干后砂浆样本的质量,g,精确至1g;m_6为砂浆样本的总质量,g,精确至1g。

(2) 取两次实验结果的算术平均值作为砂浆的含水率,精确至0.1%,当两次测定值之差超过2%时,此组实验结果无效。

6. 实验记录

砂浆的保水率与含水率实验记录见表2-57。

表2-57　砂浆的保水率与含水率实验记录

<table>
<tr><th rowspan="2">实验编号</th><th rowspan="2">底部不透水片与干燥试模的质量m_1/g</th><th rowspan="2">15片滤纸吸水前的质量m_2/g</th><th rowspan="2">试模、底部不透水片与砂浆的总质量m_3/g</th><th rowspan="2">15片滤纸吸水后的质量m_4/g</th><th rowspan="2">烘干后砂浆样本的质量m_5/g</th><th rowspan="2">砂浆样本的总质量m_6/g</th><th colspan="2">砂浆含水率α/%</th><th colspan="2">砂浆保水率W/%</th></tr>
<tr><th>测定值</th><th>平均值</th><th>测定值</th><th>平均值</th></tr>
<tr><td></td><td></td><td></td><td></td><td></td><td></td><td></td><td></td><td rowspan="2"></td><td></td><td rowspan="2"></td></tr>
<tr><td></td><td></td><td></td><td></td><td></td><td></td><td></td><td></td><td></td></tr>
</table>

2.7.6　砂浆抗压强度实验

1. 实验目的

测定砂浆抗压强度,作为评定砂浆强度等级的依据,或检验砂浆的强度能否满足设计要求。

2. 仪器设备

(1) 试模：内壁边长为 70.7mm×70.7mm×70.7mm 的带底立方体金属试模，应有足够的刚度，试模内表面的不平度应为每 100mm 不超过 0.05mm，组装后各相邻面的不垂直度不应超过±0.05°。

(2) 压力试验机：试验机精度(示值的相对误差)为 1%，其量程应能使试件的预期破坏荷载值不小于全量程的 20%，也不大于全量程的 80%。

(3) 振动台、捣棒(直径 10mm，长 350mm，一端呈半圆形钢筋)、刮刀等。

3. 试件制作

(1) 应采用立方体试件，每组试件为 3 个。

(2) 采用黄油等密封材料涂抹试模的外接缝，试模内壁涂刷薄层机油或脱模剂。向试模内一次性注满砂浆。

(3) 成型方法视稠度而定。①当稠度≥50mm 时，宜采用人工插捣成型。用捣棒由边缘向中心按螺旋方向均匀插捣 25 次，插捣过程中当砂浆沉落低于试模口时，应随时添加砂浆，可用油灰刀插捣数次，并用手将试模一边抬高 5～10mm 各振动 5 次，砂浆应高出试模顶面 6～8mm。②当稠度＜50mm 时，宜采用振动台振实成型。将砂浆一次性装满试模，放置在振动台上，振动 5～10s 或持续到表面泛浆为止，不得过度振动。振动时试模不得跳动。

(4) 待表面水分稍干后，再将高出试模部分的砂浆沿试模顶面刮去并抹平。

4. 试件的养护

(1) 试件制作后，应在 20℃±5℃的温度环境下静置 24h±2h，当气温较低时，可适当延长时间，但不应超过 48h，然后对试件进行编号、拆模。

(2) 试件拆模后应立即放入温度为 20℃±2℃、相对湿度为 90%以上的标准养护室中养护，试件彼此间隔不小于 10mm。混合砂浆试件上面应覆盖，防止有水滴在试件上。

(3) 从搅拌加水开始计时，标准养护龄期为 28d，也可根据相关标准要求增加 7d 或 14d。

5. 实验标准

(1) 试件从养护地点取出后，应尽快进行实验，以免试件内部的温度和湿度发生显著变化。先将试件擦干净，并检查其外观，测量尺寸(精确至 1mm)，据此计算试件的承压面积。若实测尺寸与公称尺寸之差不超过 1mm，可按公称尺寸进行计算。

(2) 将试件置于压力机的下压板上，试件的承压面应与成型时的顶面垂直，试件中心应与下压板中心对准。

(3) 开动压力机，当上压板与试件接近时调整球座，使接触面均衡受压。加荷应均匀而连续，加荷速度应为0.25～1.5kN/s(砂浆强度不大于5MPa时，宜取下限；砂浆强度大于5MPa时，宜取上限)，当试件接近破坏而开始迅速变形时，停止调整压力机油门，直到试件破坏，记录破坏荷载。

6. 结果计算

(1) 砂浆立方体抗压强度按式(2-42)计算，精确至0.1MPa。

$$f_{m,cu}=K\frac{N_u}{A} \tag{2-42}$$

式中，$f_{m,cu}$ 为砂浆立方体抗压强度，MPa；N_u 为试件破坏荷载，N；A 为试件承压面积，mm^2。K 为换算系数，取1.35。

(2) 抗压强度值实验结果应按下列要求确定。①取三个试件测值的算术平均值作为该组试件的砂浆立方体抗压强度值，精确至0.1MPa；②当三个测值中的最大值或最小值有一个与中间值的差超过中间值的15%时，应把最大值和最小值一并舍去，取中间值为该组试件的抗压强度值；③ 当最大值和最小值与中间值的差均超过中间值的15%时，该组实验结果无效。

7. 实验记录

砂浆抗压强度实验记录见表2-58。

表2-58 砂浆抗压强度实验记录

试样编号	受压面积/mm^2	破坏荷载/kN	抗压强度/MPa			备注
			单块值/MPa	最大值、最小值与中间值的差是否超过中间值的15%	代表值/MPa	
						1. 标准养护； 2. 龄期为____d

2.7.7 实验注意事项

1. 实验难点

(1) 调整和易性。当砂浆稠度、分层度或保水性不符合要求时，需调整材料用量。

由于砂浆的强度与砌体材料的吸水性有关：用于不吸水底面(如石材)的砂浆，其强度主要取决于水泥强度和水灰比；用于吸水底面(如砖、砌块等)的砂浆，其强度主要取决于水泥强度和水泥用量，与用水量(水灰比)基本无关。因此，用于吸水底面的砂浆(绝大多数为此种情况)，当流动性过小或过大时，可单纯地通过增加或减少用水量来满足稠度要求(其用水量可以在较大的范围内调整)，这一点与调整混凝土拌和物和易性的做法截然不同(混凝土拌和物不能单纯地通过改变用水量来满足流动性要求，必须在保持水灰比不变的前提下进行调整)。

砂浆分层度宜为10～20mm，最大一般不得超过30mm。分层度过小(容易发生干缩裂缝)，可以适当增加用水量；分层度过大(砂浆容易分层、离析)，可适当增加水泥和砂子用量或添加掺合料(如石灰膏、粉煤灰等)。

相关标准规定，不同种类的砌筑砂浆，对其保水率(表示保水性指标)的要求也不同。水泥砂浆保水率≥80%；水泥混合砂浆保水率≥84%；预拌砂浆保水率≥88%。保水率不符合要求时，也可通过适当增加水泥用量、砂子或添加掺合料(如石灰膏、粉煤灰等)等来改善。

(2) 计算砂浆拌和物保水率时需要用到砂浆拌和物含水率数值，通过实验可以直接测得砂浆含水率(书中已叙述实验过程)，也可以通过砂浆配合比计算出砂浆含水率，如何计算砂浆含水率？请通过"实验思考题"第6题试着计算。

2. 容易出错处

(1) 圆锥形容器内的砂浆，只允许测定一次稠度，重复测定时，应重新取样测定。

(2) 保水性实验时，滤纸吸水取下后应迅速称量其质量，防止水分蒸发。

(3) 水泥混合砂浆试件在标准养护室养护期间，上面应覆盖，防止有水滴在试件上。水泥砂浆试件则无须覆盖。

(4) 与混凝土试件试压一样，承压面为试件"成型面"的侧面，不得让"成型面"受压。

(5) 加荷速度应为0.25～1.5kN/s，加荷过快或过慢会使强度偏高或偏低。

(6) 计算砂浆立方体抗压强度时记得乘以强度换算系数(1.35)。确定抗压强度代表值时注意数值的取舍。

实验思考题

1. 当砂浆稠度不符合要求时，应如何调整？

2. 用快速法测得砂浆的分层度为40mm，据此可以判定该砂浆分层度不合格吗？为什么？

3. 水泥砂浆与水泥混合砂浆的养护条件是一样的吗？为什么？

4. 一组砂浆试件养护 28d 后测其抗压强度，试件的破坏荷载分别为 24.7kN、28.5kN、25.4kN，请问该砂浆是否达到 M5 强度等级的要求？

5. 某组同学在实验室试配水泥砂浆（用于砌筑砖砌体），各材料用量为：水泥 3.00kg，砂子 15.00kg，水 2.70kg，经试拌、检测，发现砂浆沉入度（表征稠度的指标）过小，于是决定增加 300mL 水，调整后各材料用量为：水泥 3.00kg，砂子 15.00kg，水 2.70kg＋0.30kg，这种做法正确吗？为什么？

6. 某水泥砂浆设计配合比为：水泥 300kg/m^3，砂子 1500kg/m^3，水 300kg/m^3，试计算该砂浆拌和物含水率？比较一下，砂浆拌和物含水率计算与混凝土用集料（砂子、石子）含水率计算有何不同？

2.8 砌筑砂浆配合比设计实验

用于砌筑砖、石以及各种砌块的砂浆称为砌筑砂浆，它起着黏结砖、石、砌块等块状材料（构筑砌体）和均匀传递荷载的作用。

常用砌筑砂浆有水泥砂浆和水泥混合砂浆两大类，根据 JGJ/T 98—2010《砌筑砂浆配合比设计规程》，砌筑砂浆应满足以下基本要求。①砂浆拌和物表观密度：水泥砂浆不小于 1900kg/m^3，水泥混合砂浆不小于 1800kg/m^3；②胶凝材料用量：每立方米水泥砂浆不小于 200kg，每立方米水泥混合砂浆不小于 350kg；③砌筑砂浆的稠度、保水率、抗压强度应同时符合要求。

砌筑砂浆配合比设计原则：满足施工和易性要求；满足设计强度要求；尽可能节约水泥，降低成本。

本节主要任务是设计水泥混合砂浆配合比，水泥砂浆配合比设计相对简单一些（直接查表得初步配合比），可通过“实验思考题”第 3 题熟悉水泥砂浆配合比设计过程。

2.8.1 实验目的

熟悉砌筑砂浆配合比设计步骤；掌握其配合比计算、试配与调整方法。

2.8.2 设计任务书

设计用于砌筑砖墙的水泥混合砂浆配合比，设计强度等级为 M7.5，稠度为 70～90mm，原材料的主要参数如下。

水泥：32.5 级矿渣水泥，28d 实测的抗压强度为 35.0MPa。

砂子：中砂(干砂)，堆积密度为1450kg/m^3。

石灰膏：稠度为120mm。

施工水平：一般。

2.8.3 实验准备

1. 收集查阅相关设计资料

查阅JGJ/T 98—2010《砌筑砂浆配合比设计规程》、《土木工程材料》、《土木工程材料实验》等相关资料，为配合比的计算、试配与调整等做好理论储备。

2. 计算初步配合比

按以下步骤进行：①计算砂浆试配强度 $f_{m,0}$；②计算每立方米砂浆中的水泥用量；③计算每立方米砂浆中的石灰膏用量；④确定每立方米砂浆中的砂子用量；⑤按砂浆稠度确定每立方米砂浆用水量。

相关计算过程和计算结果记录在表2-59中。

表2-59 计算初步配合比

计算砂浆试配强度				
计算每立方米砂浆中的水泥用量				
计算每立方米砂浆中的石灰膏用量				
确定每立方米砂浆中的砂子用量				
按砂浆稠度确定每立方米砂浆用水量				
初步配合比	水泥	石灰膏	砂子	水
(每立方米砂浆拌和物中各材料用量/kg)				
试拌10L砂浆拌和物各材料用量/kg				
备注	所有的计算均需列出公式，然后代入数据，得出结果			

2.8.4 实验步骤

1. 确定基准配合比

(1) 按计算得到的初步配合比在实验室试拌10L砂浆拌和物。

(2) 测定新拌砂浆的和易性(稠度、保水率等)，如不符合要求，应调整配合比，直至和易性满足要求(此为试配时的基准配合比)。做好调整前及每一次调整后的原材料用量变动记录(表2-60)。

表 2-60 砂浆和易性测定与调整实验记录

调整次数	试拌 10L 砂浆各项材料用量/kg				和易性		备注
	水泥	石灰膏	砂子	水	稠度/mm	保水率/%	要求：稠度为 70～90m，保水率(≥84%)符合要求，若不能满足此要求，则必须调整配合比，并重新试拌、检测，直至和易性符合要求
1							
2							
3							
4							
基准配合比	水泥：石灰膏：砂子：水＝						

2. 确定试配配合比

(1) 试配时采用三个不同的配合比，其中一个为上述确定的基准配合比，另两个配合比的水泥用量分别比基准配合比增加或减少 10%。用水量和掺合料用量做相应调整。

(2) 分别测定不同配合比砂浆的表观密度、和易性和立方体抗压强度。

(3) 选定符合试配强度及和易性要求，且水泥用量最低的配合比作为砂浆试配配合比。

(4) 试配配合比相关计算与结果见表 2-61。

表 2-61 确定砂浆试配配合比

配合比编号	每立方米砂浆中各项材料用量/kg				表观密度/($kg \cdot m^{-3}$)	和易性		抗压强度		
	水泥	石灰膏	砂子	水		稠度/mm	保水率/%	破坏荷载/kN	单块强度值/MPa	强度代表值/MPa
1#										
2#										
3#										
试配配合比	综合上述实验结果，最终选定________配合比为砂浆试配配合比									
备注	1# 为基准配合比；2# 为水泥用量减少 10%的配合比；3# 为水泥用量增加 10%的配合比									

3. 确定设计配合比

(1) 根据上述第 2 条第(3)项确定的砂浆试配配合比计算理论表观密度值。

(2) 计算砂浆配合比校正系数。

(3) 当实测表观密度值与理论表观密度值之差的绝对值不超过理论值的 2% 时,则上述第 2 条第(3)项所确定的试配配合比即为砂浆设计配合比。

(4) 当超过 2%时,应将试配配合比中每项材料的用量乘以校正系数后,确定为最终的砂浆设计配合比。

(5) 设计配合比相关计算过程与结果见表 2-62。

表 2-62 确定砂浆设计配合比

配合比校正	砂浆理论表观密度值/(kg·m^{-3})	$\rho_t=$			
	砂浆实测表观密度值/(kg·m^{-3})	$\rho_c=$			
	校正系数	$\delta=\frac{\rho_c}{\rho_t}=$			
	理论值与实测值之间的比较	$\frac{\lvert\rho_c-\rho_t\rvert}{\rho_t}=$			
设计配合比(每立方米砂浆拌和物中各项材料用量/kg)		水泥	石灰膏	砂子	水
备注	所有的计算均需列出计算式,得出结果				

2.8.5 实验注意事项

1. 实验难点

(1) 计算初步配合比时,按砂浆稠度选每立方米砂浆用水量(该用水量不包括石灰膏中的水)。用水量选用范围是 210～310kg,这个范围一般是砂浆稠度为 70～90mm、中砂时的用水量参考范围。稠度小于 70mm 时用水量可小于下限;采用细沙或粗砂时用水量可取上限或下限;施工现场气候炎热或干燥季节,可酌情增加用水量。

(2) 调整和易性(参考 2.7 节"建筑砂浆实验"的"实验难点"部分)。

2. 容易出错处

(1) 石灰膏的稠度应为 120mm±5mm,低于这个稠度,石灰膏的用量应乘以相应的换算系数(可参阅教材或砂浆配合比设计规程)。

(2) 每立方米水泥混合砂浆中水泥与石灰膏(或黏土膏、粉煤灰等)总量不得小于 350kg。

(3) 确定基准配合比时检测的砂浆和易性包括稠度与保水率两个方面，而非稠度与分层度。

(4) 在 3 个不同的配合比中选择砂浆试配配合比的原则是：首先考虑砂浆性能必须符合要求(即试配强度及和易性满足要求)，其次再考虑经济性(选水泥用量最低的配合比)。换句话说，如果水泥用量最低的那个配合比，其砂浆性能不符合要求，则该配合比不能选为砂浆试配配合比。

(5) 按 JGJ/T 98—2010《砌筑砂浆配合比设计规程》，砌筑砂浆配合比设计先后经历以下几步：计算配合比(初步配合比)、确定基准配合比、确定试配配合比、确定设计配合比。每一步中的每一个计算都要仔细认真，否则就容易出错，且形成连锁反应，导致接下来的计算结果都出现错误。

实验思考题

1. 如果设计任务书中石灰膏的稠度为 100mm，则计算出的初步配合比中的石灰膏用量应如何调整？

2. 如果施工现场砂子含水率为 3%，请将最终的设计配合比换算成施工配合比。

3. 请参考 JGJ/T 98—2010《砌筑砂浆配合比设计规程》，计算出 M10 强度等级的水泥砂浆初步配合比。要求稠度为 30～50mm。原材料如下：水泥有 32.5 与 42.5 两种强度等级的矿渣水泥可供选择；砂子为干砂(细度模数为 3.2)，堆积密度为 1470kg/m^3，拌和水为自来水。

4. 现需要分别砌筑烧结多孔砖砌体、普通混凝土小型空心砌块砌体和石砌体，配制了三种不同稠度的砂浆，稠度分别为 30～50mm、50～70mm、70～90mm，请选择合适稠度的砂浆，说明理由。

2.9 砌墙砖抗压强度实验

凡是由黏土、工业废料或其他地方资源为主要原料，以不同工艺制成的，在建筑中用于砌筑承重和非承重墙体的块状材料统称为砌墙砖。根据生产工艺的不同，砖分为烧结砖和非烧结砖(蒸养砖和蒸压砖)。

以黏土、页岩、煤矸石、粉煤灰为主要原料，经焙烧而成的砖，称为烧结砖。烧结砖分为烧结普通砖、烧结多孔砖和烧结空心砖三种。

本节主要介绍烧结普通砖、烧结多孔砖和烧结空心砖这三种砌墙砖的抗压强度实验方法及强度等级评定规则。

2.9.1 烧结普通砖抗压强度实验

烧结普通砖按生成原料分为烧结黏土砖(N)、烧结页岩砖(Y)、烧结粉煤灰砖(F)和烧结煤矸石砖(M)。其中普通黏土砖的生成需耗用大量的土地资源，且能耗高、自重大、保温性差、抗震性差，已被国家列为限制生成使用并终将淘汰的产品。

烧结普通砖根据抗压强度分为MU30、MU25、MU20、MU15、MU10五个强度等级。

1. 实验目的

测定烧结普通砖抗压强度，评定其强度等级或检验其强度是否满足要求。

2. 仪器设备

(1) 压力试验机：示值相对误差不大于1%，试件预期破坏荷载应在量程的20%～80%。

(2) 制样模具：模具组装后型腔尺寸为长120mm±15mm(可调节)，宽120mm±10mm(可调节)，高115mm±5mm。

(3) 抗压强度实验用净浆材料：配制方法为：将掺入外加剂(占总组分0.1%～0.2%)的石膏(占总组分60%)和细集料(占总组分40%)均匀混合后，加入24%～26%的水，用砂浆搅拌机搅拌均匀即可，其技术指标应符合GB/T 25183—2010《砌砖抗压强度试验用净浆材料》的要求。

(4) 振动台、搅拌机、钢直尺(精度为1mm)、切砖机或钢锯、镘刀等。

3. 取样方法

(1) 以3.5万～15万块为一个检验批，不足3.5万块也按一批计。

(2) 抗压强度实验试样用随机抽样法从外观质量检验后的样品中抽取，数量为10块。

4. 实验步骤

(1) 将试样锯成两个半截砖，两个半截砖用于叠合部分的长度不得小于100mm(图2-24)，如果不足100mm，应另取备用试样补足。

(2) 将已切割开的半截砖放入室温的净水中浸泡20～30min后取出，在铁丝网架上滴水20～30min，以断口相反方向装入制样模具中。

(3) 用插板控制两个半砖间距不大于5mm，砖大面与模具间距不大于3mm，砖断面、顶面与模具间垫以橡胶垫或其他密封材料，模具内表面涂油或脱模剂。制样模具及插板如图2-25所示。

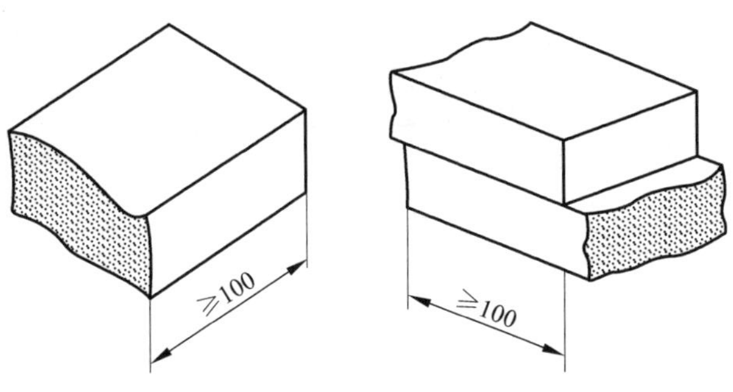

图 2-24 半截砖叠合示意图

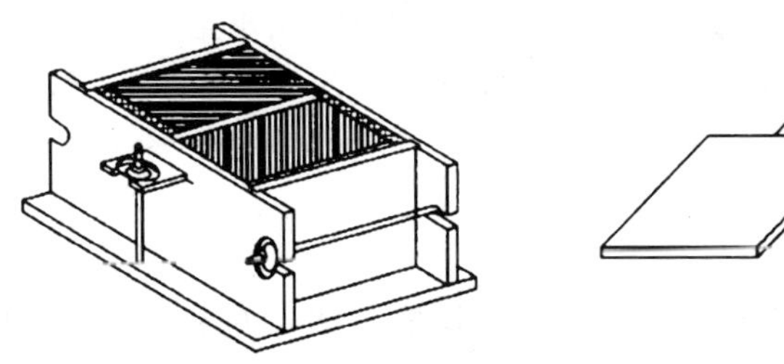

图 2-25 制样模具及插板

(4) 将装好试样的模具置于振动台上，加入适量的已搅拌均匀的净浆材料，振动 0.5～1min，然后静置至净浆材料达到初凝时间(15～19min)后拆模。

(5) 将制成的试件置于不低于 10℃的不通风室内养护 4h 再进行试压。

(6) 试件试压前，测量每个试件连接面的长、宽尺寸各两个，分别取其平均值，精确至 1mm。

(7) 将试件平放在压力机的承压板中央(图 2-26)，垂直于受压面开始加荷。加荷时应均匀平稳，不得发生冲击或振动，加荷速度应控制在 2～6kN/s 为宜，直至试件破坏为止，记录最大破坏荷载。

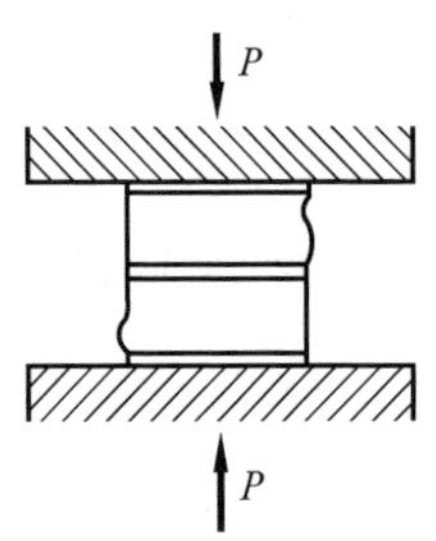

图 2-26 砖的抗压试验

5. 结果计算

(1) 每块试件的抗压强度 f_i 按式(2-43)计算，精确至 0.01MPa。

$$f_i = \frac{P}{LB} \tag{2-43}$$

式中，f_i 为单块砖的抗压强度，MPa；P 为最大破坏荷载，N；L 为试件连接面的长度，mm；B 为试件连接面的宽度，mm。

(2) 10 块试件的抗压强度平均值、抗压强度标准差、变异系数和强度标准值分别按式(2-44)～式(2-47)计算。

$$\bar{f}=\frac{1}{10}\sum_{i=1}^{10}f_i \tag{2-44}$$

$$S=\sqrt{\frac{1}{9}\sum_{i=1}^{10}(f_i-\bar{f})^2} \tag{2-45}$$

$$\delta=\frac{S}{\bar{f}} \tag{2-46}$$

$$f_k=\bar{f}-1.83S \tag{2-47}$$

式中，$\bar{f}$ 为10块砖的抗压强度算术平均值，MPa，精确至0.1MPa；S 为10块砖的抗压强度标准差，MPa，精确至0.01MPa；δ 为强度变异系数，精确至0.01；f_k 为抗压强度标准值，MPa，精确至0.1MPa。

6. 结果评定

依据表2-63的规定，按抗压强度平均值 $\bar{f}$ 和强度标准值 f_k 评定烧结普通砖的强度等级。

表2-63 烧结普通砖的强度等级

强度等级	抗压强度平均值/MPa $\bar{f}\geqslant$	强度标准值/MPa $f_k\geqslant$
MU30	30.0	22.0
MU25	25.0	18.0
MU20	20.0	14.0
MU15	15.0	10.0
MU10	10.0	6.5

7. 实验记录

烧结普通砖抗压强度实验记录见表2-64。

表2-64 烧结普通砖抗压强度实验记录

实验编号	受压面尺寸			破坏荷载 P/kN	抗压强度 f_i/MPa
	连接面的长度 L/mm	连接面的宽度 B/mm	受压面积 $(L\times B)/\text{mm}^2$		
1					
2					
3					
4					

续表

实验编号	受压面尺寸			破坏荷载 P/kN	抗压强度 f_i/MPa
	连接面的长度 L/mm	连接面的宽度 B/mm	受压面积 $(L\times B)$/mm^2		
5					
6					
7					
8					
9					
10					
强度平均值 $\bar{f}$/MPa		强度标准差 S/MPa		强度标准值 f_k/MPa	
评定结论					

2.9.2 烧结多孔砖抗压强度实验

烧结多孔砖按生成原料分为黏土砖(N)、页岩砖(Y)、煤矸石砖(M)和粉煤灰砖(F)等。根据抗压强度，烧结多孔砖分为 MU30、MU25、MU20、MU15、MU10 五个强度等级。

1. 实验目的

测定烧结多孔砖抗压强度，评定其强度等级或检验其强度是否满足要求。

2. 实验仪器

(1) 压力试验机：示值相对误差不大于 1%，试件预期破坏荷载应在量程的 20%～80%。

(2) 制样模具：模具组装后型腔尺寸为长 240mm±15mm(可调节)，宽 120mm±10mm(可调节)，高 65mm±5mm。对于不同规格的烧结多孔砖可根据其规格尺寸进行设计。

(3) 抗压强度实验用净浆材料：配制方法及技术指标要求同烧结普通砖实验。

(4) 振动台、搅拌机、钢直尺(精度为 1mm)、镘刀等。

3. 取样方法

取样方法同烧结普通砖实验，取样数量为 10 块。

4. 实验步骤

(1) 将整块砖试样放入室温的净水中浸泡 20～30min 后取出,在铁丝网架上滴水 20～30min。

(2) 模具内表面涂油或脱模剂,将装样模具置于振动台上,加入适量已搅拌均匀的净浆材料,将整块试样一个承压面(垂直于孔洞方向的那一面)与净浆接触(图 2-27),装入制样模具中,承压面找平层厚度不应大于 3mm。

图 2-27 试样装入模具示意图

(3) 开启振动台电源,振动 0.5～1min,然后静置至净浆材料达到初凝时间(15～19min)后拆模。同样方法完成整块试样另一承压面的找平。

(4) 将制成的试件置于不低于 10℃的不通风室内养护 4h 再进行试压。

(5) 试件试压前,测量每个试件受压面的长、宽尺寸各两个,分别取其平均值,精确至 1mm。

(6) 将试件平放在压力机的承压板中央,垂直于受压面开始加荷。加荷时应均匀平稳,不得发生冲击或振动,加荷速度应控制在 2～6kN/s 为宜,直至试件破坏为止,记录最大破坏荷载。

5. 结果计算

(1) 每块试件的抗压强度 f_i 按式(2-48)计算,精确至 0.01MPa。

$$f_i = \frac{P}{LB} \tag{2-48}$$

式中,f_i 为砖的抗压强度,MPa; P 为最大破坏荷载,N; L 为试件承压面的长度,mm; B 为试件承压面的宽度,mm。

(2) 10 块试件的抗压强度平均值、抗压强度标准差和强度标准值分别按式(2-49)～式(2-51)计算。

$$\bar{f}=\frac{1}{10}\sum_{i=1}^{10}f_i \tag{2-49}$$

$$S=\sqrt{\frac{1}{9}\sum_{i=1}^{10}(f_i-\bar{f})^2} \tag{2-50}$$

$$f_k=\bar{f}-1.83S \tag{2-51}$$

式中，$\bar{f}$ 为10块砖的抗压强度算术平均值，MPa，精确至0.1MPa；f_i 为单块砖的抗压强度值，MPa，精确至0.01MPa，S 为10块砖的抗压强度标准差，MPa，精确至0.01MPa；f_k 为抗压强度标准值，MPa，精确至0.1MPa。

6. 结果评定

依据表2-65的规定，按抗压强度平均值 $\bar{f}$ 和强度标准值 f_k 评定烧结多孔砖的强度等级。

表2-65 烧结多孔砖的强度等级

强度等级	抗压强度平均值/MPa $\bar{f}\geqslant$	强度标准值/MPa $f_k\geqslant$
MU30	30.0	22.0
MU25	25.0	18.0
MU20	20.0	14.0
MU15	15.0	10.0
MU10	10.0	6.5

7. 实验记录

烧结多孔砖抗压强度实验记录见表2-66。

表2-66 烧结多孔砖抗压强度实验记录

实验编号	承压面尺寸			破坏荷载 P/kN	抗压强度 f_i/MPa
	承压面的长度 L/mm	承压面的宽度 B/mm	承压面积 $(L\times B)$/mm^2		
1					
2					
3					
4					
5					
6					

续表

实验编号	承压面尺寸			破坏荷载 P/kN	抗压强度 f_i/MPa
	承压面的长度 L/mm	承压面的宽度 B/mm	承压面积 $(L\times B)/mm^2$		
7					
8					
9					
10					
强度平均值 $\bar{f}$/MPa		强度标准差 S/MPa		强度标准值 f_k/MPa	
评定结论					

2.9.3 烧结空心砖抗压强度实验

烧结空心砖按生成原料分为黏土砖(N)、页岩砖(Y)、煤矸石砖(M)和粉煤灰砖(F)等,根据抗压强度,烧结空心砖分为MU10.0、MU7.5、MU5.0、MU3.5四个强度等级。

1. 实验目的

测定烧结空心砖的抗压强度,评定其强度等级或检验其强度是否满足要求。

2. 仪器设备

(1) 压力试验机:示值相对误差不大于1%,试件预期破坏荷载应在量程的20%~80%。

(2) 制样模具:参照烧结多孔砖制样模具,对于不同规格的烧结空心砖可根据其规格尺寸进行设计。

(3) 抗压强度实验用净浆材料:配制方法及技术指标要求同烧结普通砖实验。

(4) 振动台、搅拌机、钢直尺(精度为1mm)、镘刀等。

3. 取样方法

取样方法同烧结普通砖实验,取样数量10块。

4. 实验步骤

(1) 将整块砖试样放入室温的净水中浸泡20~30min后取出,在铁丝网架上滴水 20～30min。

(2) 模具内表面涂油或脱模剂，将装样模具置于振动台上，加入适量已搅拌均匀的净浆材料，将整块试样一个承压面(平行于孔洞方向的那一面)与净浆接触，装入制样模具中，承压面找平层厚度不应大于 3mm。

(3) 开启振动台电源，振动 0.5～1min，然后静置至净浆材料达到初凝时间(15～19min)后拆模。同样方法完成整块试样另一承压面的找平。

(4) 将制成的试件置于不低于 10℃的不通风室内养护 4h 再进行试压。

(5) 试件试压前，测量每个试件受压面的长、宽尺寸各两个，分别取其平均值，精确至 1mm。

(6) 将试件平放在压力机的承压板中央，垂直于受压面开始加荷。加荷时应均匀平稳，不得发生冲击或振动，加荷速度应控制在 2～6kN/s 为宜，直至试件破坏为止，记录最大破坏荷载。

5. 结果计算

每块试件的抗压强度值 f_i、10 块试件的抗压强度平均值 $\bar{f}$、抗压强度标准差 S、强度变异系数 δ 和强度标准值 f_k 分别按式(2-43)～ 式(2-47)计算。

其中，f_i 精确至 0.01MPa； $\bar{f}$ 精确至 0.1 MPa；S 精确至 0.01 MPa；δ 精确至 0.01；f_k 精确至 0.1MPa。

6. 结果评定

(1) 变异系数 $\delta \leqslant 0.21$ 时，按抗压强度平均值 $\bar{f}$ 和强度标准值 f_k 评定砖的强度等级(表 2-67)。

(2) 变异系数 $\delta > 0.21$ 时，按抗压强度平均值 $\bar{f}$ 和单块最小抗压强度值 f_{min} 评定砖的强度等级(表 2-67)。

表 2-67 烧结空心砖的强度等级

强度等级	抗压强度平均值/MPa $\bar{f} \geqslant$	变异系数 $\delta \leqslant 0.21$	变异系数 $\delta > 0.21$
		强度标准值/MPa $f_k \geqslant$	单块最小抗压强度值/MPa $f_{min} \geqslant$
MU10.0	10.0	7.0	8.0
MU7.5	7.5	5.0	5.8
MU5.0	5.0	3.5	4.0
MU3.5	3.5	2.5	2.8

7. 实验记录

烧结空心砖抗压强度实验记录见表 2-68。

表 2-68 烧结空心砖抗压强度实验记录

实验编号	承压面尺寸			破坏荷载 P/kN	抗压强度 f_i/MPa
	承压面的长度 L/mm	承压面的宽度 B/mm	承压面积 $(L\times B)/\mathrm{mm}^2$		
1					
2					
3					
4					
5					
6					
7					
8					
9					
10					
强度平均值 $\bar{f}$/MPa		强度标准差 S/MPa		强度变异系数 δ	
强度标准值 f_k/MPa			单块最小抗压强度值 f_{min}/MPa		
评定结论					

2.9.4 实验注意事项

1. 实验难点

(1) 对烧结普通砖进行抗压强度实验，将两个半截砖装入制样模具时要控制好两个半砖间距不大于 5mm，砖大面与模具间距不大于 3mm(用专用插板控制)。

(2) 烧结多孔砖和烧结空心砖需要二次表面找平，承压面找平层厚度不应大于 3mm。

2. 容易出错处

(1) 对于无须用净浆材料进行表面找平处理的砖试样(表面很光滑平整)，可将锯成的两个半截砖切断口相反直接叠合进行抗压强度实验。

(2) 不能弄错找平面，找平面就是承压面，烧结普通砖是两个半截砖的大面为找平面；烧结多孔砖是大面(有孔的那一面，即垂直于孔洞方向的那一面)为找平面，而非条面和顶面为找平面；烧结空心砖也是大面(平行于孔洞方向的那一面)为找平面，也非条面和顶面为找平面。

(3) 仔细计算抗压强度平均值、标准差、变异系数、强度标准值等技术指标。

(4) 强度等级评定依据不同。烧结普通砖与烧结多孔砖以抗压强度平均值 $\overline{f}$ 和强度标准值 f_k 来评定砖的强度等级；烧结空心砖强度等级评定规则是：①变异系数 $\delta \leqslant 0.21$ 时，按抗压强度平均值 $\overline{f}$ 和强度标准值 f_k 来评定砖的强度等级；②变异系数 $\delta > 0.21$ 时，按抗压强度平均值 $\overline{f}$ 和单块最小抗压强度值 f_{min} 来评定砖的强度等级。

实验思考题

1. 某砖厂生产烧结普通砖，抽样做成标准试件进行实验，实验结果如表 2-69 所示。

表 2-69 烧结普通砖抗压强度实验结果

试样编号	1	2	3	4	5	6	7	8	9	10
破坏荷载/kN	225	321	276	152	262	258	309	234	189	243

砖的受压面按 115mm×115mm 计算，试确定此砖的强度等级。

2. 图 2-28 标识的净浆材料找平面是否正确？说明理由。

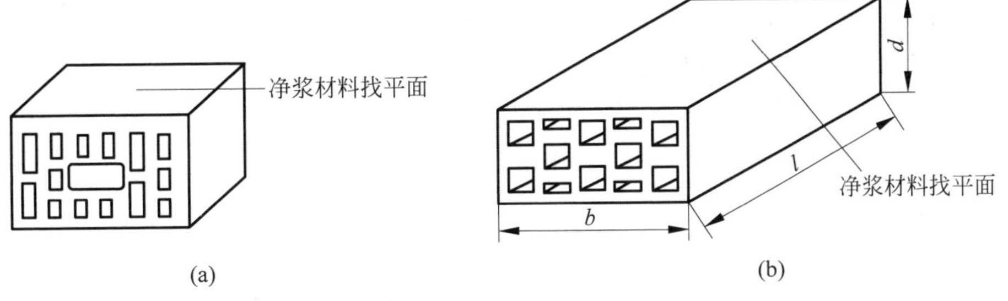

图 2-28 砌墙砖抗压强度实验承压面找平示意图

(a) 烧结多孔砖；(b) 烧结空心砖

2.10 沥青及沥青混合料实验

2.10.1 沥青实验

沥青种类较多,其中石油沥青是用途最广、用量最大的一种沥青材料(通常所说的“沥青”就是指“石油沥青”)。石油沥青是由石油原油经蒸馏提炼出各种轻质油(如汽油、柴油等)及润滑油以后的残留物,再经加工而得的产品。石油沥青按用途分为三种,即道路石油沥青、建筑石油沥青和普通石油沥青。在工程建设中常用到的是道路石油沥青和建筑石油沥青。

石油沥青的主要技术性能有黏滞性、塑性和温度稳定性,分别用针入度、延度和软化点表示。沥青的针入度、延度、软化点,是划分沥青标号的主要依据,称为沥青的三大技术指标。本节主要介绍沥青三大技术指标(针入度、延度、软化点)的实验方法。

1. 沥青取样方法与取样数量

1) 半固体或未破碎固体沥青的取样

(1) 从桶、袋、箱中取样应在样品表面以下及容器侧面以内至少 75mm 处采取。若沥青是能够打碎的,则用干净的适当工具打碎后取样;若沥青是软的,则用干净的适当工具切割取样。

(2) 当能确认是同一批生产的产品时,应按上述取样方法随机取出一件 4kg 样品供检验用;当不能确认是同一批生产的产品或按同批产品要求取出的样品经检验不符合规范时,则应按随机取样原则选出若干件,再按上述规定取样,其件数等于总件数的立方根。当取样件数超过一件,每个样品质量应不少于 0.1kg,这样取出的样品,经充分混合均匀后取出 4kg 供检验用。

2) 块或粉末状沥青的取样

(1) 散装储存的碎块或粉末状固体沥青取样,应按 SH/T 0229—1992《固体和半固体石油产品取样法》操作。总样量不少于 25kg,再从中取出 1~2kg 供检验用。

(2) 装在桶、袋、箱中的碎块或粉末状固体沥青,按第 1 条第 2 款所述随机取样原则选出若干件,从每一件接近中心处取至少 5kg 样品,这样采集的总样量应不少于 25kg,然后按 SH/T 0229—1992《固体和半固体石油产品取样法》执行四分法操作,从中取出 1~2kg 供检验用。

3）流体状沥青取样

对于流体状沥青的取样，按 GB/T 11147—2010《沥青取样法》的相关规定操作。

2. 针入度测定

1）实验目的

测定针入度，以评定沥青的黏滞性和沥青牌号。

2）仪器设备

（1）针入度仪（图 2-29）：针连杆的质量为 47.5g±0.05g，针和针连杆总质量为 50g±0.05g，另外仪器附有 50g±0.05g 和 100g±0.05g 的砝码各一个，可以组成 100g±0.05g 和 200g±0.05g 的载荷以满足实验所需的载荷条件。

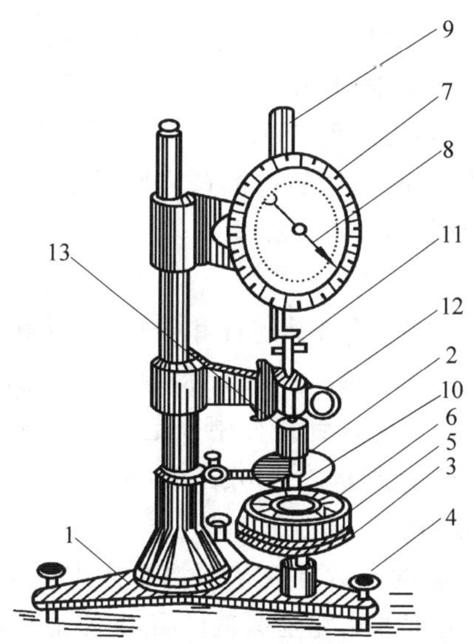

1—底座；2—小镜；3—圆形平台；4—调平螺丝；5—保温皿；6—试样；
7—刻度盘；8—指针；9—活杆；10—标准针；11—针连杆；12—按钮；13—砝码。

图 2-29　针入度仪

（2）标准针：由硬化回火的不锈钢制造，针长约 50mm，针的直径为 1.00～1.02mm。

（3）试样皿：试样皿是金属或玻璃的圆柱形平底容器，针入度小于 40 时，其内径为 33～55mm，深度为 8～16mm；针入度小于 200 时，其内径为 55mm，深度为 35mm；针入度为 200～350 时，其内径为 55～75mm，深度为 45～70mm；针入度为 350～500 时，其内径为 55mm，深度为 70mm。

（4）恒温水浴：容量不小于 10L，能保持温度在实验温度的±0.1℃范围内。

(5) 平底玻璃皿：容量不小于350mL,深度要没过最大的样品皿,内设一个不锈钢支架,能使试样皿稳定。

(6) 秒表(精度0.1s)、温度计(分度0.1℃,范围0～50℃)。

3) 试样制备

(1) 小心加热样品,不断搅拌以防局部过热,加热到试样易于流动。焦油沥青的加热温度不超过软化点的60℃,石油沥青的加热温度不超过软化点的90℃。加热时间在保证样品充分流动的基础上尽量少。加热、搅拌过程中避免试样中进入气泡。

(2) 将试样倒入预先选好的试样皿中,其深度至少是预计针入度的120%。如果试样皿的直径小于65mm,而预期针入度大于200,每个实验条件都要倒三个样品。如果样品足够,浇注的样品要达到试样皿边缘。

(3) 松松地盖住试样皿以防灰尘落入。在15～30℃的室温下,小的试样皿(ϕ33mm×16mm)中的样品冷却45min～1.5h,中等试样皿(ϕ55mm×35mm)中的样品冷却1～1.5h,较大的试样皿中的样品冷却1.5～2.0h,冷却结束后将试样皿和平底玻璃皿一起放入测试温度(25℃±0.5℃)下的水浴中,水面应没过试样表面10mm以上,在规定的温度下恒温,小的试样皿恒温45min～1.5h,中等试样皿恒温1～1.5h,较大试样皿恒温1.5～2.0h。

4) 实验步骤

(1) 调节针入度仪的水平,检查针连杆和导轨,确保其上无水和其他物质。如果预测针入度超过350应选择长针,否则用标准针。用合适的溶剂把针擦净,再用干净的布把针擦干,然后将针插入针连杆中固定。按实验条件(除非另行规定,标准针、针连杆与附加砝码的总质量为100g±0.05g,温度为25℃±0.1℃,时间为5s)选择合适的砝码并放好砝码。

(2) 将已恒温到实验温度的试样皿从恒温水浴中取出,放在平底玻璃皿中的三脚架上,用与水浴相同温度的水完全覆盖样品,将平底玻璃皿放在针入度仪的平台上,慢慢放下针连杆,使针尖与试样表面恰好接触。必要时用放置在合适位置的光源观察针头位置,使针尖与水中针头的投影刚刚接触为止。轻轻拉下活杆,使其与针连杆顶端接触,调节针入度仪上的刻度盘指针为零。

(3) 用手紧压按钮,释放针连杆,同时开动秒表,使标准针自由地穿入沥青试样中,到规定的时间(5s),停压按钮,使标准针停止下沉。

(4) 拉下活杆,与针连杆顶部接触,此时刻度盘指针读数即为试样针入度,单位为1/10mm。

(5) 同一试样至少重复测定三次,每次穿入点相互距离及与盛样皿边缘距离都不得小于10mm。在每次测定前,都应将试样和平底玻璃皿放入恒温水浴中,每次测定都要用干净的针。当针入度小于200时,可将针取下用合适的溶剂擦净后继续使用；当针入度超过 200 时，每个试样皿中扎一针，三个试样皿得到三个数据。或者每个试样至少用三根针，每次实验用的针留在试样中，直至三根针扎完时再将针取出。但这样测得的针入度最高值和最低值之差不得超过平均值的 4%。

5）结果评定

取三次测定针入度值的平均值作为实验结果，取至整数。三次测定的针入度值相差不应大于表 2-70 中的数值，如果误差超过表中的数值，则利用第 3 款第 2 项中的第二个样品重复实验。如果结果再次超过允许值，则取消所有的实验结果，重新进行实验。

表 2-70　针入度测定最大允许差值　　1/10mm

针入度	0～49	50～149	150～249	250～349	350～500
最大差值	2	4	6	8	20

3. 延度测定

1）实验目的

测得沥青延度，用以评定沥青的塑性，延度也是评定沥青牌号的依据之一。

2）仪器设备

（1）延度仪(图 2-30)：是一个带标尺的长方形水槽，内装有移动速度为 5cm/min±0.25cm/min 的拉伸滑板。

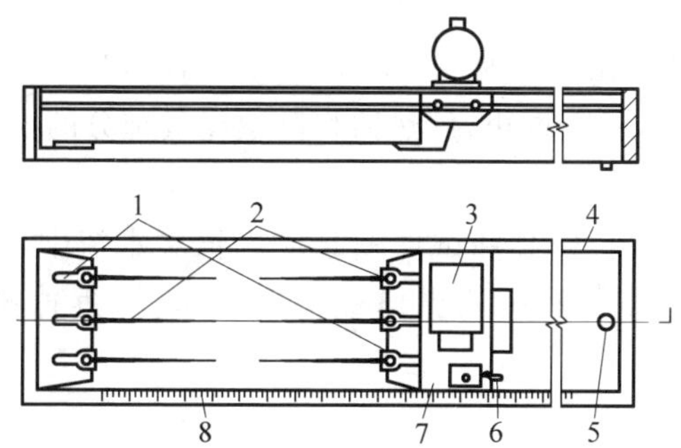

1—试模；2—试样；3—电机；4—水槽；5—泻水孔；6—开关；7—指针；8—标尺。

图 2-30　沥青延度仪

（2）延度仪模具：用黄铜制造，由两个端模和两个侧模组成，其形状和尺寸如图 2-31 所示。

（3）恒温水浴：能保持实验温度变化不大于 0.1℃，容量不小于 10L，试件浸水深度不得小于 10cm。

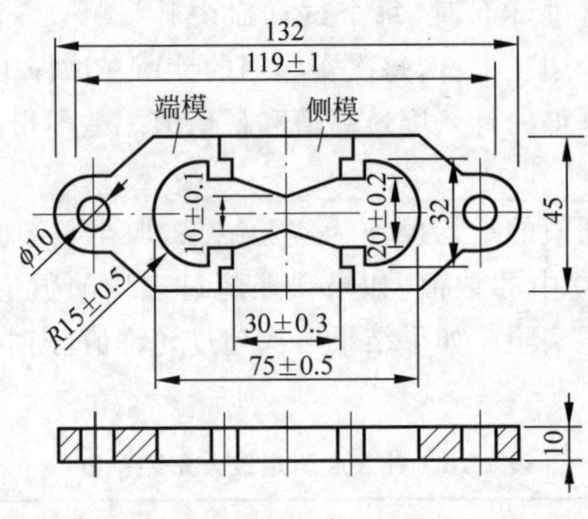

图 2-31 延度仪模具

(4) 温度计：0～50℃，分度为0.1℃和0.5℃各一支。

(5) 隔离剂：两份甘油和一份滑石粉调制而成(以质量计)。

(6) 支撑板：即黄铜板，一面应磨光。

3) 试样制备

(1) 将模具组装在支撑板上，将隔离剂涂于支撑板表面及侧模内表面以防沥青粘在模具上。

(2) 与针入度测定相同的方法加热沥青试样，将熔化后的样品充分搅拌后倒入模具，在倒样时使试样呈细流状，自模的一端至另一端往返多次倒入试样，使试样略高出模具。

(3) 浇注好的试件在空气中冷却30～40min，然后放在规定温度(25℃±0.5℃)的水浴中保持30min取出，用热刀将高出模具部分的沥青刮去，使试样与模具齐平。

(4) 恒温。将支撑板、模具和试件一起放入恒温水浴中，在实验温度(25℃±0.5℃)下保持85～95min，然后从支撑板上取下试件，拆掉侧模，立即进行拉伸实验。

4) 实验步骤

(1) 检查延度仪拉伸速度是否满足要求，一般为5cm/min±0.25cm/min，然后移动滑板使其指针正对标尺的零点，在延度仪的水槽中注水，并保持水温达到实验温度(25℃±0.5℃)。

(2) 试件移至延度仪水槽中，然后将模具两端的孔分别套在滑板及槽端的金属柱上，试件距水面和水底的距离不小于25mm。

(3) 测得水槽中的水温满足实验温度(25℃±0.5℃)时，开动延度仪，此时，仪器不得有振动，观察沥青的拉伸情况。在测定时，如发现沥青浮于水面或沉于槽底时,则实验不正常,应使用乙醇或氯化钠调整水的密度,使沥青材料既不浮于水面,又不沉入槽底。

(4) 试件拉断时指针所指标尺上的读数即为试样的延度(以 cm 表示),正常的实验应将试样拉成锥形或线形或柱形,直至在断裂时实际横截面面积接近于零或一均匀断面。如果三次实验得不到正常结果,则报告在该条件下延度无法测定。

5) 结果评定

(1) 若三个试件测定值在其平均值的 5%以内,取平行测定的三个结果的平均值作为测定结果。

(2) 若三个试件测定值不在其平均值的 5%以内,但其中两个较高值在平均值的 5%之内,则弃去最低测定值,取两个较高值的平均值作为测定结果,否则重新测定。

4. 软化点测定

1) 实验目的

测定沥青软化点,评定沥青的温度稳定性,软化点也是评定沥青牌号的依据之一。

2) 仪器设备

(1) 沥青软化点测定仪(图 2-32):包括温度计(测温范围 30～180℃,分度值 0.5℃)、浴槽(可加热的玻璃容器,内径不小于 85mm,离加热底部的深度不小于 120mm)、环支撑架和支架、黄铜环(两个黄铜肩或锥环)、球(两个直径为 9.5mm 的钢球,每个质量为 3.50g±0.05g)、钢球定位器等。

(2) 电炉或其他加热器、隔离剂(同延度测定)。

3) 试样制备

(1) 将黄铜环置于涂有隔离剂的支撑板上(如估计软化点在 120℃以上时,应将黄铜环与支撑板预热至 80～100℃),将熔化后的沥青样品(准备方法同针入度测定)注入黄铜环内至略高于环面为止。

(2) 将浇注好的试件在室温下至少冷却 30min,对于在室温下较软的样品,应将试件在低于预计软化点 10℃以上的环境中冷却 30min,从开始倒试样时起至完成实验的时间不得超过 240min。

(3) 试样冷却后,用热刀刮去高出环面的沥青,使得每一个圆片饱满且和环的顶面齐平。

4) 实验步骤

(1) 选择加热介质。软化点不高于 80℃的沥青在水浴中测定,高于 80℃的沥青在甘油中测定。

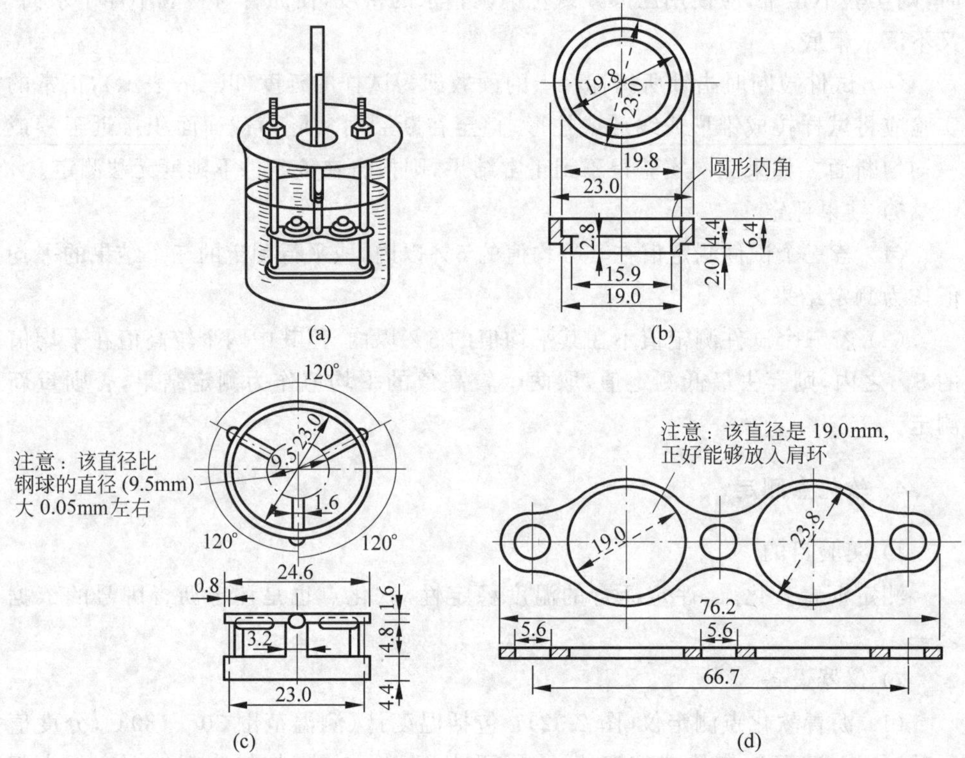

图2-32 软化点测定仪

(a) 组合装置；(b) 肩环；(c) 钢球定位器；(d) 支架

(2) 把软化点测定仪放在通风橱内并配置两个样品环、钢球定位器,将温度计插入合适的位置,浴槽装满加热介质(水或甘油),用镊子将钢球置于浴槽底部,使其同支架的其他部位达到相同的起始温度。如有必要,将浴槽置于冰水中,或小心加热并维持适当的起始浴温达15min。

(3) 再次用镊子从浴槽将钢球夹住并置于定位器中。

(4) 从浴槽底部加热使温度以恒定的速度(5℃/min)上升。3min后升温速度应达到5℃/min±0.5℃/min,若温度上升速度超过此限定范围,则此次实验失败。

(5) 当两个试样环的球刚触及下支撑板时,分别记录温度计所显示的温度,即为试样的软化点。

5) 结果评定

(1) 取平行测定两个结果的平均值作为测定结果。如果两个温度的差值超过1℃,则重新实验。

(2) 如果水浴中两次测定的平均值大于或等于85.0℃,则应在甘油浴中重复实验。

5. 实验记录

沥青实验记录见表 2-71。

表 2-71 沥青实验记录

实验编号	针入度/(1/10mm)	延度/cm	软化点/℃	结 论
				该沥青牌号为：________
平均值				

2.10.2 沥青混合料实验

沥青混合料是沥青混凝土混合料和沥青碎石混合料的总称。沥青混凝土混合料是由适当比例的粗集料、细集料及填料与沥青在严格控制条件下拌和、压实后剩余空隙率小于 10%的混合料，简称沥青混凝土；沥青碎石混合料是由适当比例的粗集料、细集料及少量填料(或不加填料)与沥青拌和、压实后剩余空隙率在 10%以上的混合料，简称沥青碎石。

沥青混合料主要用于道路工程铺筑路面，它的一个重要技术性质是高温稳定性。高温稳定性是指在夏季高温(通常取 60℃)条件下，经车辆荷载反复作用后，沥青混合料不产生车辙和波浪等病害的性能。

沥青混合料的高温稳定性采用马歇尔稳定度实验来评价，对于高速公路、一级公路和城市快速路、主干路沥青路面的上面层和中面层的沥青混合料，还应通过动稳定度实验(车辙实验)以检验其抗车辙能力。本节主要介绍沥青混合料的马歇尔稳定度实验和车辙实验方法。

1. 沥青混合料的制备和试件成型(击实法)

1) 实验目的

制备沥青混合料及成型试件，供测定其物理力学性能用。

2) 仪器设备

(1) 实验室用沥青混合料拌和机(图 2-33)。

(2) 标准击实仪：由击实锤、ϕ98.5mm±0.5mm 的平圆形压实头及带手柄的导向棒组成。用机械将压实锤提升，至 457.2mm±1.5mm 高度沿导向棒自由落下连续击实，标准击实锤质量 4536g±9g。

(3) 试模：由高碳钢或工具钢制成，试模内径为 101.6mm±0.2mm，圆柱形金

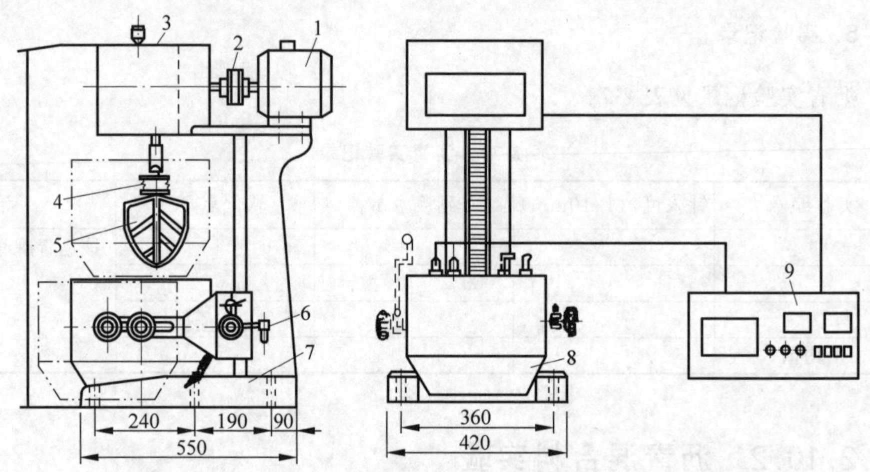

1—电机；2—联轴器；3—变速箱；4—弹簧；5—拌和叶片；
6—升降手柄；7—底座；8—加热拌和锅；9—温度时间控制仪。

图 2-33 实验室用沥青混合料拌和机

属筒高 87mm，底座直径约 120.6mm，套筒内径 104.8mm，高 70mm。

(4) 脱模器：电动或手动，应能无破损地推出圆柱体试件，备有标准试件尺寸的推出环。

(5) 天平或电子秤：用于称量沥青的，感量不大于 0.1g，用于称量矿料的，感量不大于 0.5g。

(6) 布洛克菲尔德黏度计(图 2-34)。

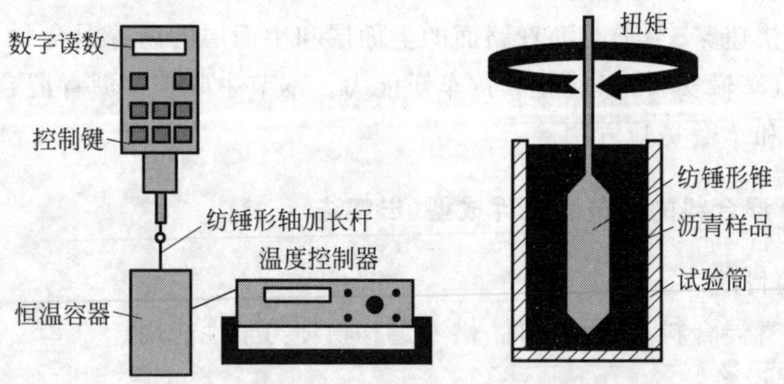

图 2-34 布洛克菲尔德黏度计

(7) 温度计：分度值 1℃，宜采用有金属插杆的插入式数显温度计，金属插杆的长度不小于 150mm，量程 0～300℃。

(8) 其他：烘箱、插刀或大螺丝刀、电炉或煤气炉、沥青熔化锅、拌和铲、标准筛、滤纸(或普通纸)、胶布、卡尺、秒表、粉笔、棉纱等。

3）准备工作

（1）确定制作沥青混合料试件的拌和温度与压实温度。①按 T 0625 规程要求测定沥青的黏度，绘制黏温曲线。按表 2-72 的要求确定适宜于沥青混合料拌和及压实的等黏温度。②当缺乏沥青黏度测定条件时，试件的拌和与压实温度可按表 2-73 选用，并根据沥青品种和标号做适当调整。针入度小、稠度大的沥青取高限；针入度大、稠度小的沥青取低限；一般取中值。③对于改性沥青，应根据实践经验、改性剂的品种和用量，适当提高混合料的拌和与压实温度；对大部分聚合物改性沥青，通常在普通沥青的基础上提高 10～20℃；掺加纤维时，需再提高 10℃左右。④常温沥青混合料的拌和与压实在常温下进行。

表 2-72　沥青混合料拌和及压实的沥青等黏温度

沥青混合料种类	黏度与测定方法	适宜于拌和的沥青结合料黏度	适宜于压实的沥青结合料黏度
石油沥青	表观黏度，T0625 规程测定	0.17Pa·s±0.02Pa·s	0.28Pa·s±0.03Pa·s

注：液体沥青混合料的压实成型温度按石油沥青要求执行。

表 2-73　沥青混合料拌和及压实温度参考表

沥青种类	拌和温度/℃	压实温度/℃
石油沥青	140～160	120～150
改性沥青	160～175	140～170

（2）沥青混合料试件的制作条件。①在拌和厂或施工现场采取沥青混合料制作试样时，按 JTG E20 规程中 T 0701 的方法取样，将试样置于烘箱中加热或保温，在混合料中插入温度计测量温度，待混合料温度符合要求后成型。需要拌和时可倒入已加热的室内沥青混合料拌和机中适当拌和，时间不超过 1min。不得在电炉或明火上加热炒拌。②在实验室人工配制沥青混合料时，试件的制作按下列步骤进行：将各种规格的矿料置于 105℃±5℃的烘箱中烘干至恒重（一般不少于 4～6h）；将烘干分级的粗细骨料，按每个试件设计级配要求称其质量，在一金属盘中混合均匀，矿粉单独放入小盆里，然后置烘箱中加热至沥青拌和温度以上约 15℃（采用石油沥青时通常为 163℃，采用改性沥青时通常为 180℃）备用。一般按一组试件（每组 4～6 个）备料，但进行配合比设计时宜对每个试件分别备料。常温沥青混合料的矿料不应加热；将按 JTG E20 规程中 T 0601 的方法采取的沥青试样，用烘箱加热至规定的沥青混合料拌和温度，但不得超过 175℃。当不得已采用燃气炉或电炉直接加热进行脱水时，必须使用石棉垫隔开。

4）拌制沥青混合料

(1) 黏稠石油沥青混合料。①用蘸有少许黄油的棉纱擦净试模、套筒及击实座，置100℃左右的烘箱中加热1h备用。常温沥青混合料用试模不加热。②将沥青混合料拌和机提前预热至拌和温度以上10℃左右备用。③将加热的粗细骨料置于拌和机中，用小铲适当混合，然后再加入需要数量的已加热至拌和温度的沥青（如沥青已称量在一个专用容器内时，可在倒掉沥青后用一部分热矿粉将粘在容器壁上的沥青擦拭掉并一起倒入拌和锅中），开动拌和机，一边搅拌，一边使拌和叶片插入混合料中拌和1～1.5min，然后暂停拌和，加入加热的矿粉，继续拌和至均匀为止，并使沥青混合料保持在要求的拌和温度范围内。标准的总拌和时间为3min。

(2) 液体石油沥青混合料。将每组（或每个）试件的矿料置于已加热至55～100℃的沥青混合料拌和机中，注入要求数量的液体沥青，并将混合料边加热边拌和，使液体沥青中的溶剂挥发至50%以下。拌和时间应事先试拌决定。

(3) 乳化沥青混合料。将每个试件的粗细集料，置于沥青混合料拌和机（不加热，也可用人工炒拌）中，注入计算的用水量（阴离子乳化沥青不加水）后，拌和均匀并使矿料表面完全湿润；再注入设计的沥青乳液用量，在1min内使混合料拌匀；然后加入矿粉，迅速拌和，拌至成褐色为止。

5）试件成型（击实法）

(1) 将拌好的沥青混合料，用小铲适当拌和均匀，称取一个试件所需的用量（标准马歇尔试件约1200g）。当已知沥青混合料密度时，可根据试件的标准尺寸计算并乘以1.03得到要求的混合料数量。当一次拌和几个试件时，宜将其倒入经预热的金属盘中，用小铲适当拌和均匀分成几份，分别取用。在试件制作过程中，为防止混合料温度下降，应连盘放在烘箱中保温。

(2) 从烘箱中取出预热的试模及套筒，用蘸有少许黄油的棉纱擦拭套筒、底座及击实锤底面。将试模装在底座上，放一张圆形的吸油性小的纸，用小铲将混合料铲入试模中，用插刀或大螺丝刀沿周边插捣15次，中间10次。插捣后将沥青混合料表面整平。

(3) 插入温度计至混合料中心附近，检查混合料温度。

(4) 待混合料温度符合要求的压实温度后，将试模连同底座一起放在击实台上固定，在装好的混合料上面垫一张吸油性小的圆纸，再将装有击实锤及导向棒的压实头放入试模中。然后开启电机（或人工击实），使击实锤在457mm的高度自由落下到击实规定的次数（75次或50次）。

(5) 试件击实一面后，取下套筒，将试模翻面，装上套筒，然后以同样的方式和次数击实另一面。乳化沥青混合料试件在两面击实后，将一组试件在室温下横向放置24h,另一组试件置于温度为105℃±5℃的烘箱中养生24h。将养生试件取出后再立即两面锤击25次。

(6) 试件击实结束后,立即用镊子取掉上下面垫的纸,用卡尺量取试件离试模上口的高度,并由此计算试件高度。高度不符合要求时,试件应作废,并按式(2-52)调整试件的混合料质量,以保证高度符合63.5mm±1.3mm(标准试件)的要求。

$$\text{调整后混合料质量}=\frac{\text{要求试件高度}\times\text{原始混合料质量}}{\text{所得试件的高度}} \tag{2-52}$$

(7) 卸去套筒和底座,将装有试件的试模横向放置冷却至室温后(不少于12h),置脱模机上脱出试件。用于现场马歇尔指标检验的试件,在施工质量检验时如急需实验,允许采用电风扇吹冷1h或浸水冷却3min以上的方法脱模。但浸水脱模法不能用于测量密度、空隙率等物理指标。

(8) 将试件仔细置于干燥洁净的平面上,供实验用。

2. 沥青混合料马歇尔稳定度实验

马歇尔稳定度实验主要测定马歇尔稳定度和流值。马歇尔稳定度是指标准尺寸试件在规定温度和加荷速度下,在马歇尔试验仪中的最大破坏荷载(kN);流值是达到最大破坏荷载时试件的垂直变形(以0.1mm计)。本方法适用于标准马歇尔稳定度实验和浸水马歇尔稳定度实验。

1) 实验目的

测定沥青混合料马歇尔稳定度,用于沥青混合料的配合比设计及沥青路面施工质量检验(标准马歇尔稳定度实验);或用于检验沥青混合料受水损害时抵抗剥落的能力,通过测试其水稳定性检验配合比设计的可行性(浸水马歇尔稳定度实验)。

2) 仪器设备

(1) 沥青混合料马歇尔实验仪。分为自动式和手动式。自动马歇尔实验仪应具备控制装置、记录荷载-位移曲线、自动测定荷载与试件的垂直变形,能自动显示和存储或打印实验结果等功能。手动式由人工操作,实验数据通过操作者目测后读取数据。对用于高速公路和一级公路的沥青混合料宜采用自动马歇尔实验仪。

当集料公称最大粒径小于或等于26.5mm时,宜采用中ϕ101.6mm×63.5mm的标准马歇尔试件,实验仪最大荷载不得小于25kN,读数准确至0.1kN,加荷速度应能保持50mm/min±5mm /min。钢球直径16mm±0.05mm,上下压头曲率半径为50.8mm±0.08mm。

当集料公称最大粒径大于26.5mm时,宜采用ϕ152.4mm×95.3mm的大型马歇尔试件,实验仪最大荷载不得小于50kN,读数准确至0.1kN。上下压头的曲

率内径为 ϕ152.4mm±0.2mm,上下压头间距 19.05mm±0.1mm。

(2) 恒温水槽:控温准确至 0.1℃,深度不小于 150mm。

(3) 真空饱水容器:包括真空泵及真空干燥器。

(4) 烘箱、天平(感量不大于 0.1g)、温度计(分度值 1℃)、卡尺、棉纱、黄油等。

3) 标准马歇尔实验方法

(1) 准备工作。①按 JTG E20—2011《公路工程沥青及沥青混合料试验规程》T 0702 标准击实法成型马歇尔试件,标准马歇尔试件尺寸应符合直径为 101.6mm±0.2mm、高为 63.5mm±1.3mm 的要求。对大型马歇尔试件,尺寸应符合直径为 152.4mm±0.2mm、高为 95.3mm±2.5mm 的要求。一组试件的数量不得少于 4 个,并符合 JTG E20—2011 规程的 T 0702 的规定。②量测试件的直径及高度。用卡尺测量试件中部的直径,用马歇尔试件高度测定器或用卡尺在十字对称的 4 个方向量测离试件边缘 10mm 处的高度,准确至 0.1mm,并以其平均值作为试件的高度。如试件高度不符合 63.5mm±1.3mm 或 95.3mm±2.5mm 要求或两侧高度差大于 2mm,此试件应作废。③按 JTG E20—2011 规程规定的方法测定试件的密度,并计算空隙率、沥青体积百分率、沥青饱和度、矿料间隙率等体积指标。④将恒温水槽调节至要求的实验温度,对黏稠石油沥青或烘箱养生过的乳化沥青混合料要求为 60℃±1℃,对煤沥青混合料要求为 33.8℃±1℃,对空气养生的乳化沥青或液体沥青混合料要求为 25℃±1℃。

(2) 实验步骤。①将试件置于已达规定温度的恒温水槽中保温,保温时间对标准马歇尔试件需 30~40min,对大型马歇尔试件需 45~60min。试件之间应有间隔,底下应垫起,距水槽底部不小于 5cm。②将马歇尔实验仪的上下压头放入水槽或烘箱中达到同样温度。将上下压头从水槽或烘箱中取出擦拭干净内面。为使上下压头滑动自如,可在下压头的导棒上涂少量黄油。再将试件取出置于下压头上,盖上上压头,然后装在加荷设备上。③在上压头的球座上放妥钢球,并对准荷载测定装置的压头。④当采用自动马歇尔实验仪时,将自动马歇尔实验仪的压力传感器、位移传感器与计算机或 X-Y 记录仪正确连接,调整好适宜的放大比例,压力和位移传感器调零。⑤当采用压力环和流值计时,将流值计安装在导棒上,使导向套管轻轻地压住上压头,同时将流值计读数调零。调整压力环中百分表为零。⑥启动加荷设备,使试件承受荷载,加荷速度为 50mm/min±5mm/min。计算机或 X-Y 记录仪自动记录传感器压力和试件变形曲线并将数据自动存入计算机。⑦当实验荷载达到最大值的瞬间,取下流值计,同时读取压力环中百分表读数及流值计的流值读数。⑧从恒温水槽中取出试件至测出最大荷载值的时间,不得超过 30s。

4）浸水马歇尔实验方法

浸水马歇尔实验方法与标准马歇尔实验方法的不同之处在于，试件在已达规定温度恒温水槽中的保温时间为48h，其余步骤均与标准马歇尔实验方法相同。

5)真空饱水马歇尔实验方法

先将试件放入真空干燥器中，关闭进水胶管，开动真空泵，使干燥器的真空度达到97.3kPa(730mmHg)以上，维持15min；然后打开进水胶管，靠负压进入冷水流使试件全部浸入水中，浸水15min后恢复常压，取出试件再放入已达规定温度的恒温水槽中保温48h。其余均与标准马歇尔实验方法相同。

6）结果计算

(1) 稳定度及流值。①当采用自动马歇尔实验仪时，将计算机采集的数据绘制成压力和试件变形曲线，或由 X-Y 记录仪自动记录的荷载-变形曲线，按图2-35所示的方法在切线方向延长曲线与横坐标相交于 O_1，将 O_1 作为修正原点，从 O_1 起量取相应于荷载最大值时的变形作为流值FL，以mm计，准确至0.1mm。最大荷载即为稳定度MS，以kN计，准确至0.01 kN。②采用压力环和流值计测定时，根据压力环标定曲线，将压力环中百分表的读数换算为荷载值，或者由荷载测定装置读取的最大值即为试样的稳定度MS，以kN计，准确至0.01kN。由流值计及位移传感器测定装置读取的试件垂直变形，即为试件的流值FL，以mm计，准确至0.1mm。

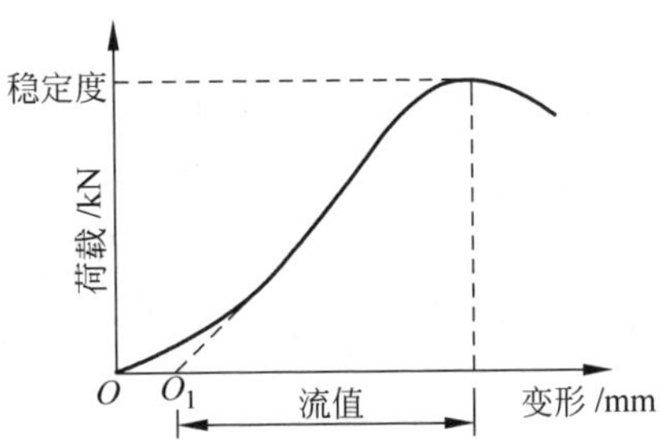

图2-35　马歇尔实验结果的修正方法

(2) 马歇尔模数。试件的马歇尔模数按式(2-53)计算。

$$T=\frac{\mathrm{MS}}{\mathrm{FL}} \tag{2-53}$$

式中，T 为试件的马歇尔模数，kN/mm；MS为试件的稳定度，kN；FL为试件的流值，mm。

(3) 试件的浸水残留稳定度按式(2-54)计算。

$$\mathrm{MS}_0=\frac{\mathrm{MS}_1}{\mathrm{MS}}\times 100\% \tag{2-54}$$

式中，MS_0 为试件的浸水残留稳定度，%；MS_1 为试件浸水 48h 后的稳定度，kN。

(4) 试件的真空饱水残留稳定度按式(2-55)计算。

$$MS_0' = \frac{MS_2}{MS} \times 100\% \tag{2-55}$$

式中，MS_0' 为试件的真空饱水残留稳定度，%；MS_2 为试件真空饱水后浸水 48h 后的稳定度，kN。

7) 实验报告

(1) 当一组测定值中某值与平均值之差大于标准差 k 倍时，该测定值应舍弃，并以其余测定值的平均值作为实验结果。当试件数目 n 为 3、4、5、6 个时，k 值分别为 1.15、1.46、1.67、1.82。

(2) 实验报告中需列出马歇尔稳定度、流值、马歇尔模数，以及试件尺寸、试件密度、空隙率、沥青用量、沥青体积百分率、沥青饱和度、矿料间隙率等各项物理指标。当采用自动马歇尔实验时，实验结果应附上荷载-变形曲线原件或自动打印结果。

8) 实验记录

沥青混合料马歇尔稳定度实验记录见表 2-74。

表 2-74 沥青混合料马歇尔稳定度实验记录(压力环与流值计法)

<table>
<tr><td colspan="2">拌和温度/℃</td><td colspan="3"></td><td colspan="3">集料最大粒径/mm</td><td colspan="2"></td></tr>
<tr><td colspan="2">击实温度/℃</td><td colspan="3"></td><td colspan="3">试件尺寸/mm</td><td colspan="2"></td></tr>
<tr><td colspan="2">击实次数</td><td colspan="3"></td><td colspan="3">压力环换算系数
/(kN·0.01mm⁻¹)</td><td colspan="2"></td></tr>
<tr><td>试件编号</td><td>压力环百分表读数/0.01mm</td><td>稳定度MS/kN</td><td>流值FL/mm</td><td>马歇尔模数T</td><td>试件编号</td><td>压力环百分表读数/0.01mm</td><td>稳定度MS/kN</td><td>流值FL/mm</td><td>马歇尔模数T</td></tr>
<tr><td></td><td></td><td></td><td></td><td></td><td></td><td></td><td></td><td></td><td></td></tr>
<tr><td></td><td></td><td></td><td></td><td></td><td></td><td></td><td></td><td></td><td></td></tr>
<tr><td></td><td></td><td></td><td></td><td></td><td></td><td></td><td></td><td></td><td></td></tr>
<tr><td></td><td></td><td></td><td></td><td></td><td></td><td></td><td></td><td></td><td></td></tr>
<tr><td></td><td></td><td></td><td></td><td></td><td></td><td></td><td></td><td></td><td></td></tr>
</table>

3. 沥青混合料车辙实验

车辙实验是在 60℃的温度条件下，以一定荷载的实心橡胶轮胎(轮压为 0.7MPa)，在一块标准板块试件(试件尺寸 300mm×300mm×50mm)上沿同一轨迹做一定时间的往返行走，测量试件在变形稳定时期，每增加 1mm 变形需要试验车轮行走的次数，即动稳定度，以 DS(次/mm)表示。

通过车辙实验测得动稳定度来检验沥青混合料的抗车辙能力。DS 越大，抗车辙能力越强。

本方法适用于轮碾成型机碾压成型的长 300mm、宽 300mm、厚 50～100mm 的板块状试件，也适用于现场切割的板块状试件。切割试件的尺寸根据现场面层的实际情况由试验确定。根据工程需要也可采用其他尺寸的试件。

车辙实验的温度与轮压(试验轮与试件的接触压强)可根据有关规定和需要选用。非经注明，实验温度为 60℃，轮压为 0.7MPa。如在寒冷地区实验温度也可采用 45℃，在高温条件下实验温度可采用 70℃ 等，对重载交通的轮压可增加至 1.4MPa，但应在报告中注明。计算动稳定度的时间原则上在实验开始后 45～60min 之间。

1）实验目的

测定沥青混合料的高温抗车辙能力，供沥青混合料配合比设计时的高温稳定性检验使用，也可用于现场沥青混合料的高温稳定性检验。

2）仪器设备

(1) 车辙试验机：主要由下列部分组成：①试件台。可牢固地安装两种宽度(300mm 及 150mm)规定尺寸试件的试模。②试验轮。橡胶制的实心轮胎，外径 200mm，轮宽 50mm，橡胶层厚 15mm。橡胶硬度(国际标准硬度)20℃ 时为 84±4，60℃ 时为 78±2。试验轮行走距离为 230mm±10mm，往返碾压速度为 42 次/min±1 次/min(21 次往返/min)。采用曲柄连杆驱动加载轮往返运行方式。轮胎橡胶硬度应注意检验，不符合要求者应及时更换。③加荷装置。使试验轮与试件的接触压强在 60℃时为 0.7MPa±0.05MPa，施加的总荷载为 780N 左右，根据需要可以调整接触压强大小。④试模。钢板制成，由底板及侧板组成，试模内侧尺寸宜采用长为 300mm、宽为 300mm、厚为 50～100mm，也可根据需要对厚度进行调整。⑤试件变形测量装置。自动采集车辙变形并记录曲线装置，通常用位移传感器 LVDT 或非接触位移计。位移测量范围 0～100mm，精度±0.01mm。⑥温度检测装置。自动检测并记录试件表面及恒温室内温度的温度传感器，精度±0.5℃。应能自动连续记录温度。

(2) 恒温室：恒温室应具有足够的空间。车辙试验机必须整机安放在恒温室内，装有加热器、气流循环装置及自动温度控制设备，同时恒温室还应有至少能保温 3 块试件并进行实验的条件。保持恒温室温度 60℃±1℃(试件内部温度 60℃±0.5℃)，根据需要也可采用其他实验温度。

(3) 台秤：称量 15kg，感量不大于 5g。

3) 准备工作

(1) 试验轮接地压强测定：测定在60℃时进行，在试验台上放置一块50mm厚的钢板，其上铺一张毫米方格纸，上铺一张新的复写纸，以规定的700N荷载后试验轮静压复写纸，即可在方格纸上得出轮压面积，并由此求接地压强。若压强不符合0.7MPa±0.05MPa时，荷载应予适当调整。

(2) 按JTG E20规程的T 0703规定，用轮碾成型法制作车辙实验试块。在实验室或工地制备成型的车辙试件，板块状试件尺寸为：长300mm×宽300mm×厚50～100mm(厚度根据需要确定)。也可从路面切割得到需要尺寸的试件。

(3) 当直接在拌和厂取拌和好的沥青混合料样品制作车辙实验试件检验生产配合比设计或混合料生产质量时，必须将混合料装入保温桶中，在温度下降至成型温度之前迅速送达实验室制作试件。如果温度稍有不足，可放在烘箱中稍加热(时间不超过30min)后成型，但不得将混合料冷却后二次加热重塑制作试件。重塑制件的实验结果仅供参考，不得用于评定配合比设计检验是否合格。

(4) 如需要，将试件脱模按规定的方法测定密度及空隙率等各项物理指标。

(5) 试件成型后，连同试模一起在常温条件下放置的时间不得少于12h。对聚合物改性沥青混合料，放置的时间以48h为宜，使聚合物改性沥青充分固化后方可进行车辙实验，室温放置时间不得长于一周。

4) 实验步骤

(1) 将试件连同试模一起，置于达到实验温度60℃±1℃的恒温室中，保温不少于5h，也不得多于12h。在试件的试验轮不行走的部位上，粘贴一个热电偶温度计(也可在试件制作时预先将热电偶导线埋入试件一角)，控制试件温度稳定在60℃±0.5℃。

(2) 将试件连同试模移置于车辙试验机的试验台上，试验轮在试件的中央部位，其行走方向须与试件碾压或行车方向一致。开动车辙变形自动记录仪，然后启动试验机，使试验轮往返行走，时间约1h，或最大变形达到25mm时为止。实验时，记录仪自动记录变形曲线(图2-36)及试件温度。对实验变形较小的试件，也可对一块试件在两侧1/3位置上进行两次实验，然后取平均值。

5) 结果计算

(1) 从图2-36上读取45min(t_1)及60min(t_2)时的车辙变形(d_1)及(d_2)，准确至0.01mm。当变形过大，在未到60min变形已达25mm时，则以达到25mm(d_2)的时间为t_2，其前15min为t_1，此时变形量为d_1。

(2) 沥青混合料试件的动稳定度按式(2-56)计算。

$$\mathrm{DS}=\frac{(t_2-t_1)\times N}{d_2-d_1}\times C_1\times C_2 \tag{2-56}$$

式中，DS为沥青混合料的动稳定度，次/mm；d_1为对应于时间t_1的变形量，mm；

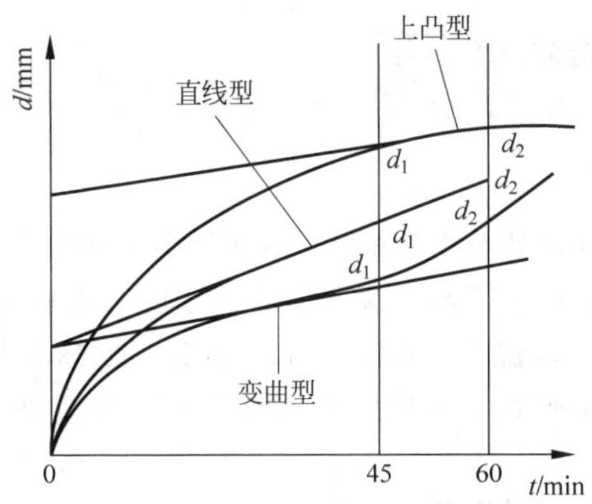

图 2-36 车辙实验自动记录的变形曲线

d_2为对应于时间 t_2 的变形量，mm；C_1 为试验机类型系数，曲柄连杆驱动加载轮往返运行方式为 1.0；C_2 为试件系数，实验室制备宽 300mm 的试件为 1.0；N 为试验轮往返碾压速度，通常为 42 次/min。

6）实验报告

（1）同一沥青混合料或同一路段的路面，至少平行实验三个试件，当三个试件动稳定度变异系数不大于 20%时，取其平均值作为实验结果；变异系数大于 20%时应分析原因，并追加实验。如计算动稳定度值大于 6000 次/mm 时，记作>6000 次/mm。

（2）实验报告应注明实验温度、试验轮接地压强、试件密度、空隙率及试件制作方法等。

（3）重复性实验动稳定度变异系数不大于 20%。

7）实验记录

沥青混合料车辙实验记录见表 2-75。

表 2-75 沥青混合料车辙实验记录

实验温度/℃			轮压/MPa			试件尺寸/mm		
试件编号	时间 t_1/min	时间 t_2/min	时间 t_1 时的变形量 d_1/mm	时间 t_2 时的变形量 d_2/mm	试验机类型系数 C_1	试件系数 C_2	试验轮往返碾压速度 N/(次·min^{-1})	动稳定度 DS/(次·mm^{-1})	
								测定值	平均值

2.10.3 实验注意事项

1. 实验难点

(1) 针入度实验在加热与搅拌试样过程中避免试样中进入气泡。

(2) 测定针入度时应该用与恒温水浴相同温度的水完全覆盖样品(针入度试样在正式测定前应在实验温度下恒温一定时间,针入度标准实验温度是25℃)。

(3) 测定延度时,延度仪水槽中的水温应满足实验温度(25℃±0.5℃)的要求。

(4) 延度实验时应随时用乙醇或氯化钠调整水的密度,使沥青既不浮于水面,又不沉入槽底。

(5) 软化点实验加热升温速度为5℃/min±0.5℃/min,若温度上升速度超过此限定范围,则此次实验失败。

(6) 标准马歇尔试件尺寸:直径为101.6mm±0.2mm、高为63.5mm±1.3mm;大型马歇尔试件尺寸:直径为152.4mm±0.2mm、高为95.3mm±2.5mm。如果沥青混合料试件击实成型结束后,试件高度不符合63.5mm±1.3mm或95.3mm±2.5mm要求或两侧高度差大于2mm,此试件应作废,重新取样击实成型。

(7) 车辙实验前进行试验轮接地压强测定。在方格纸上得出轮压面积,并由此求接地压强,应符合0.7MPa±0.05MPa,否则荷载应予适当调整。

(8) 车辙实验要求保持恒温室(试件保温及进行车辙实验的房间)温度为60℃±1℃,试件内部温度为60℃±0.5℃。

2. 容易出错处

(1) 针入度实验每次穿入点相互距离及与盛样皿边缘距离都不得小于10mm。

(2) 每次测定针入度前,都应将试样与平底玻璃皿放入恒温水浴中,每次测定都要用干净的针(当针入度小于200时,可将针取下用合适的溶剂擦净后继续使用)。

(3) 注意延度实验结果的评定(仔细研读与理解该部分文字),确保评定正确。

(4) 软化点测定加热介质的选择。软化点不高于80℃的沥青在水浴中测定,高于80℃的沥青在甘油中测定。

(5) 浸水马歇尔实验试件要在已达规定温度的恒温水槽中保温48h(其余步骤均与标准马歇尔实验方法相同)。

(6) 当采用自动马歇尔实验仪测稳定度及流值时,根据采集的数据绘制成的荷载-变形曲线要进行结果修正。

实验思考题

1. 石油沥青三大技术指标(针入度、延度、软化点)分别表征沥青的什么性质?

2. 从试样制备到测定过程,分别说明石油沥青三大技术指标实验的温度要求。

3. 为什么沥青软化点实验要严格控制加热升温速度为5℃/min±0.5℃/min?

4. 你认为道路石油沥青与建筑石油沥青在主要技术指标上有何不同?

5. 如何评价沥青混合料的高温稳定性?

<<< 第3章

土木工程材料拓展实验

3.1 混凝土抗渗性能实验

混凝土作为现代使用最广泛的土木工程材料，其耐久性成为最受重视的问题之一。混凝土抗渗性能的优劣决定了腐蚀性气体、液体以及可溶性有害物质侵入混凝土内部的难易程度，直接决定着混凝土的抗碳化、抗化学侵蚀和抗冻融性能，是影响混凝土耐久性的最重要因素。

混凝土的抗渗性能可通过抗水渗透实验和抗氯离子渗透实验测定，本节主要介绍混凝土抗水渗透实验方法。混凝土抗水渗透实验有渗水高度法和逐级加压法两种方法，渗水高度法是以测定混凝土在恒定水压力下的平均渗水高度来表示混凝土的抗水渗透性能；逐级加压法是通过逐级施加水压力来测定混凝土的抗渗等级，抗渗等级是用来表示混凝土的抗水渗透性能的指标。

3.1.1 实验目的

测定混凝土抗渗(抗水渗透)性能，评定混凝土抗渗等级和耐久性。

3.1.2 仪器设备

(1) 抗渗仪(图3-1)：混凝土抗渗仪应符合现行行业标准JG/T 249—2009《混凝土抗渗仪》的规定，并应能使水压按规定的条件稳定地作用在试件上。抗渗仪施加水压力范围应为0.1～2.0MPa。

(2) 试模：试模应采用上口内部直径为175mm、下口内部直径为185mm、高度为150mm的圆台体。

(3) 密封材料：密封材料宜用石蜡加松香或水泥加黄油等材料，也可采用橡胶套等其他有效密封材料。

图 3-1 混凝土抗渗仪

(4) 梯形板：应采用尺寸为 200mm×200mm 的透明材料制成，并应画有 10 条等间距、垂直于梯形底线的直线，如图 3-2 所示。

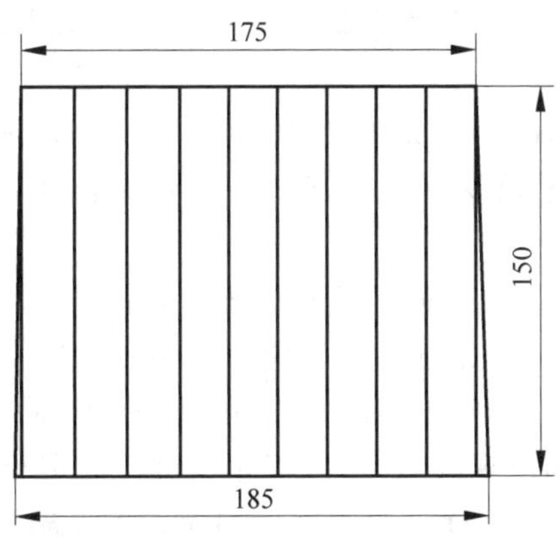

图 3-2 梯形板示意图

(5) 加压设备：可为螺旋加压器或其他加压形式，其压力应能保证将试件压入试件套内。

(6) 其他仪器：钢尺(分度值为 1mm)、钟表(分度值为 1min)、烘箱、电炉、浅盘、铁锅和钢丝刷等。

3.1.3 试件的制作及养护

(1) 试件的制作和养护应符合现行国家标准 GB/T 50081—2019《混凝土物理力学性能试验方法标准》中的规定。请参阅 2.5.4 节第 3、4 条。

(2) 在制作混凝土长期性能和耐久性能试验用试件时,不应采用憎水性脱模剂。

3.1.4 实验步骤

1. 渗水高度法

实验按照下列步骤进行。

(1) 抗水渗透实验应以6个试件为一组,试件的龄期宜为28d。应在到达实验龄期的前一天,从养护室取出试件,并擦拭干净。待试件表面晾干后,应按下列方法进行试件密封:①当用石蜡密封时,应在试件侧面裹涂一层熔化的内加少量松香的石蜡。然后应用螺旋加压器将试件压入经过烘箱或电炉预热过的试模中,使试件与试模底平齐,并应在试模变冷后解除压力。试模的预热温度应以石蜡接触试模(即缓慢熔化)但不流淌为准。②用水泥加黄油密封时,其质量比应为(2.5～3)∶1。应用三角刀将密封材料均匀地刮涂在试件侧面上,厚度应为1～2mm。应套上试模并将试件压入,应使试件与试模底齐平。③试件密封也可以采用其他更可靠的密封方式。

(2) 试件准备好之后,启动抗渗仪,并开通6个试位下的阀门,使水从6个孔中渗出,水应充满试位坑,在关闭6个试位下的阀门后应将密封好的试件安装在抗渗仪上。

(3) 试件安装好以后,应立即开通6个试位下的阀门,使水压在24h内恒定控制在1.2MPa±0.05MPa,且加压过程不应大于5min,应以达到稳定压力的时间作为实验记录起始时间(精确至1min)。在稳压过程中随时观察试件端面的渗水情况,当有某一个试件端面出现渗水时,应停止该试件的实验并记录时间,并以试件的高度作为该试件的渗水高度。对于试件端面未出现渗水的情况,应在实验24h后停止实验,并及时取出试件。在实验过程中,当发现水从试件周边渗出时,应重新按步骤(1)的规定进行密封。

(4) 将从抗渗仪上取出来的试件放在压力机上,并应在试件上下两端面中心处沿直径方向各放一根直径为6mm的钢垫条,并应确保它们在同一竖直平面内。然后开动压力机,将试件沿纵断面劈裂为两半。试件劈开后,应用防水笔描出水痕。

(5) 应将梯形板放在试件劈裂面上,并用钢尺沿水痕等间距测10个测点的渗水高度值,读数应精确至1mm。读数时若遇到某测点被骨料阻挡,可以用靠近骨料两端的渗水高度算术平均值来作为该测点的渗水高度。

2. 逐级加压法

实验按照下列步骤进行。

(1) 首先应按渗水高度法实验步骤(1)和步骤(2)的规定进行试件的密封和安装。

(2) 实验时,水压应从 0.1MPa 开始,以后应每隔 8h 增加 0.1MPa 水压,并应随时观察试件端面渗水情况。当 6 个试件中有 3 个试件表面出现渗水时,或加至规定压力(设计抗渗等级)在 8h 内 6 个试件中表面渗水试件少于 3 个时,可停止实验,并记下此时的水压力。在实验过程中,当发现水从试件周边渗出时,应重新按渗水高度法实验步骤(1)的规定进行密封。

3.1.5 结果计算

1. 渗水高度法

(1) 试件渗水高度应按式(3-1)进行计算。

$$\overline{h_i}=\frac{1}{10}\sum_{j=1}^{10}h_j \tag{3-1}$$

式中,h_j 为第 i 个试件第 j 个测点处的渗水高度,mm;$\overline{h_i}$ 为第 i 个试件的平均渗水高度,mm,应以 10 个测点渗水高度的平均值作为该试件渗水高度的测定值。

(2) 一组试件的平均渗水高度应按式(3-2)进行计算。

$$\bar{h}=\frac{1}{6}\sum_{i=1}^{6}\overline{h_i} \tag{3-2}$$

式中,$\bar{h}$ 为一组 6 个试件的平均渗水高度,mm,应以一组 6 个试件渗水高度的算术平均值作为该组试件渗水高度的测定值。

2. 逐级加压法

混凝土的抗渗等级应以每组 6 个试件中有 4 个试件未出现渗水时的最大水压力乘以 10 来确定。混凝土的抗渗等级应按式(3-3)计算。

$$P=10H-1 \tag{3-3}$$

式中,P 为混凝土抗渗等级;H 为 6 个试件中有 3 个试件渗水时的水压力,MPa。

3.1.6 实验记录

混凝土抗渗性能实验记录见表 3-1 和表 3-2。

表 3-1 混凝土抗渗实验记录(渗水高度法)

<table>
<tr><td colspan="2">试件编号</td><td>1</td><td>2</td><td>3</td><td>4</td><td>5</td><td>6</td></tr>
<tr><td colspan="2">实验 24h 内试件端面的渗水情况</td><td></td><td></td><td></td><td></td><td></td><td></td></tr>
<tr><td colspan="2">出现端面渗水时经历的实验时间</td><td></td><td></td><td></td><td></td><td></td><td></td></tr>
<tr><td rowspan="10">第 i 个试件第 j 个测点处的渗水高度 h_j/mm</td><td>1</td><td></td><td></td><td></td><td></td><td></td><td></td></tr>
<tr><td>2</td><td></td><td></td><td></td><td></td><td></td><td></td></tr>
<tr><td>3</td><td></td><td></td><td></td><td></td><td></td><td></td></tr>
<tr><td>4</td><td></td><td></td><td></td><td></td><td></td><td></td></tr>
<tr><td>5</td><td></td><td></td><td></td><td></td><td></td><td></td></tr>
<tr><td>6</td><td></td><td></td><td></td><td></td><td></td><td></td></tr>
<tr><td>7</td><td></td><td></td><td></td><td></td><td></td><td></td></tr>
<tr><td>8</td><td></td><td></td><td></td><td></td><td></td><td></td></tr>
<tr><td>9</td><td></td><td></td><td></td><td></td><td></td><td></td></tr>
<tr><td>10</td><td></td><td></td><td></td><td></td><td></td><td></td></tr>
<tr><td colspan="2">第 i 个试件的平均渗水高度 $\overline{h_i}$/mm</td><td></td><td></td><td></td><td></td><td></td><td></td></tr>
<tr><td colspan="2">该组试件平均渗水高度测定值 $\overline{h}$/mm</td><td colspan="6"></td></tr>
<tr><td colspan="2">备注</td><td colspan="6"></td></tr>
</table>

表 3-2 混凝土抗渗实验记录(逐级加压法)

<table>
<tr><td rowspan="2">水压/MPa</td><td colspan="6">试件在该水压下恒压 8h 端面渗水情况</td></tr>
<tr><td>1</td><td>2</td><td>3</td><td>4</td><td>5</td><td>6</td></tr>
<tr><td>0.1</td><td></td><td></td><td></td><td></td><td></td><td></td></tr>
<tr><td>0.2</td><td></td><td></td><td></td><td></td><td></td><td></td></tr>
<tr><td>0.3</td><td></td><td></td><td></td><td></td><td></td><td></td></tr>
<tr><td>0.4</td><td></td><td></td><td></td><td></td><td></td><td></td></tr>
<tr><td>0.5</td><td></td><td></td><td></td><td></td><td></td><td></td></tr>
<tr><td>0.6</td><td></td><td></td><td></td><td></td><td></td><td></td></tr>
<tr><td>0.7</td><td></td><td></td><td></td><td></td><td></td><td></td></tr>
<tr><td>0.8</td><td></td><td></td><td></td><td></td><td></td><td></td></tr>
<tr><td>0.9</td><td></td><td></td><td></td><td></td><td></td><td></td></tr>
<tr><td>1.0</td><td></td><td></td><td></td><td></td><td></td><td></td></tr>
<tr><td>1.1</td><td></td><td></td><td></td><td></td><td></td><td></td></tr>
</table>

续表

水压/MPa	试件在该水压下恒压 8h 端面渗水情况					
	1	2	3	4	5	6
1.2						
1.3						
1.4						
1.5						
1.6						
1.7						
1.8						
1.9						
2.0						
混凝土抗渗等级 P						
备 注						

3.1.7 实验注意事项

1. 实验难点

(1) 试件密封。应该用合适的密封材料，采用适当的密封方式密封试件，以防止在实验加压过程中水从试件周边渗出(否则就要重新密封试件，拖延实验时间)。

(2) 在压力机上将试件沿纵断面劈裂为两半时，一定要确保试件上下两端面中心处所垫的两根直径为 6mm 的钢垫条在同一竖直平面内。

(3) 测每个试件的渗水高度。采用渗水高度法实验时，在试件被劈裂为两半后，应立即用防水笔描出水痕，随后将梯形板放在试件劈裂面上，并用钢尺沿水痕等间距测 10 个测点的渗水高度值，取平均值作为该试件渗水高度的测定值。

2. 容易出错处

(1) 首先要开通抗渗仪 6 个试位下的阀门，启动抗渗仪，使水从 6 个孔中渗出，并使水充满 6 个试位坑(不得有空气)。

(2) 实验过程中，随时注意给左侧门悬挂的小水箱内适量补水。

(3) 实验过程中应随时观察试件端面渗水情况，如出现渗水应及时记录。

实验思考题

1. 在混凝土抗水渗透实验(渗水高度法)中,梯形板起什么作用?

2. 抗渗混凝土按抗渗压力的不同分为P6、P8、P10、P12等抗渗等级,请分别解释其各自符号的含义。

3. 混凝土抗渗实验时加压至0.7MPa有一个试件渗水,加压至0.8MPa时有三个试件渗水,那么该组混凝土是否达到了P8抗渗等级?

3.2 混凝土抗冻性能实验

混凝土的抗冻性是评定混凝土耐久性的一项重要指标。混凝土抗冻性用抗冻等级表示,如F50、F100、F150等。例如:F50表示混凝土在规定的实验条件下能经受冻融循环的次数不少于50次。

混凝土抗冻性能实验方法有:慢冻法、快冻法、单面冻融法(盐冻法)。慢冻法适用于测定混凝土试件在气冻水融条件下,以经受的冻融循环次数来表示混凝土的抗冻性能;快冻法适用于测定混凝土试件在水冻水融条件下,以经受的快速冻融循环次数来表示混凝土的抗冻性能;盐冻法适用于混凝土试件在大气环境中且与盐接触的条件下,以能够经受的冻融循环次数或者表面剥落质量或超声波相对动弹性模量来表示混凝土的抗冻性能。本节主要介绍慢冻法和快冻法。

3.2.1 实验目的

测定混凝土的抗冻性能,评定混凝土的抗冻等级和耐久性。

3.2.2 仪器设备

1. 慢冻法

(1) 冻融试验箱:应使试件静止不动,并通过气冻水融进行冻融循环。在满载运转的条件下,冷冻期间冻融试验箱内空气的温度应保持在−20～−18℃;融化期间冻融试验箱内浸泡混凝土试件的水温应保持在18～20℃;满载时冻融试验箱内各点温度极差不应超过2℃。

(2) 试件架:应采用不锈钢或者其他耐腐蚀的材料制作,其尺寸应与冻融试验箱和所装的试件相适应。

(3) 称量设备：最大量程为20kg，感量不超过5g。

(4) 压力试验机：应符合现行国家标准GB/T 50081—2019《混凝土物理力学性能试验方法标准》的相关要求。

2. 快冻法

(1) 试件盒(图3-3)：宜采用具有弹性的橡胶材料制作，其内表面底部应有半径为3mm的橡胶突起部分。盒内加水后水面应至少高出试件顶面5mm。试件盒横截面尺寸宜为115mm×115mm，试件盒长度宜为500mm。

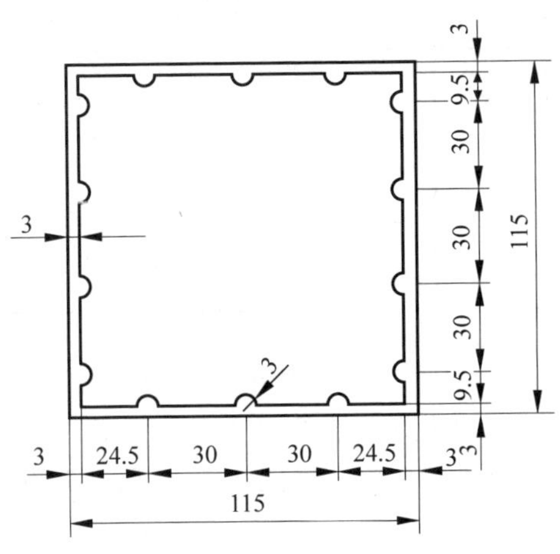

图3-3 橡胶试件盒横截面示意图

(2) 快速冻融装置：应符合现行行业标准JG/T 243—2009《混凝土抗冻试验设备》的规定。除应在测温试件中埋设温度传感器外，尚应在冻融箱内防冻液中心、中心与任何一个对角线的两端分别设有温度传感器。运转时冻融箱内防冻液各点温度的极差不得超过2℃。

(3) 称量设备：最大量程为20kg，感量不超过5g。

(4) 混凝土动弹性模量测定仪：输出频率可调范围应为100～20 000Hz，输出功率应能使试件产生受迫振动。

(5) 温度传感器(包括热电偶、电位差计等)：应在−20～20℃范围内测定试件中心温度，且测量精度应为±0.5℃。

3.2.3 试件的制作与养护

1. 慢冻法

(1) 慢冻法实验应采用尺寸为100mm×100mm×100mm的立方体试件。

(2) 慢冻法实验所需要的试件组数应符合表3-3的规定,每组试件应为3块。

表3-3 慢冻法实验所需要的试件数量

设计抗冻标号	F25	F50	F100	F150	F200	F250	F300	F300以上
检查强度所需冻融次数/次	25	50	50及100	100及150	150及200	200及250	250及300	300及设计次数
鉴定28d强度所需试件组数/组	1	1	1	1	1	1	1	1
冻融试件组数/组	1	1	2	2	2	2	2	2
对比试件组数/组	1	1	2	2	2	2	2	2
总计试件组数/组	3	3	5	5	5	5	5	5

(3) 试件的制作和养护应符合现行国家标准GB/T 50081—2019《混凝土物理力学性能试验方法标准》中的规定。请参阅2.5.4节中的第3、4条。

(4) 在制作混凝土长期性能和耐久性能试验用试件时,不应采用憎水性脱模剂。

2. 快冻法

(1) 快冻法实验应采用尺寸为100mm×100mm×400mm的棱柱体试件,每组试件应为3块。

(2) 除制作冻融实验的试件外,尚应制作同样形状、尺寸且中心埋有温度传感器的测温试件,测温试件应采用防冻液作为冻融介质。测温试件所用混凝土的抗冻性能应高于冻融试件。测温试件的温度传感器应埋设在试件中心。温度传感器不应采用钻孔后插入的方式埋设。

(3) 试件的制作和养护应符合现行国家标准GB/T 50081—2019《混凝土物理力学性能试验方法标准》中的规定。请参阅2.5.4节中的第3、4条。

(4) 成型试件时,不得采用憎水性脱模剂。

3.2.4 实验步骤

1. 慢冻法

实验按照下列步骤进行。

(1) 在标准养护室内或同条件养护的冻融实验的试件应在养护龄期为24d时提前将试件从养护地点取出，随后应将试件放在20℃±2℃的水中浸泡，浸泡时水面应高出试件顶面20～30mm，在水中浸泡的时间应为4d，试件应在28d龄期时开始进行冻融实验。始终在水中养护的冻融实验的试件，当试件养护龄期达到28d时，可直接进行后续实验，对此种情况，应在实验报告中予以说明。

(2) 当试件养护龄期达到28d时应及时取出冻融实验的试件，用湿布擦除表面水分后应对外观尺寸进行测量。试件承压面的平面度公差不得超过试件边长的0.0005；相邻面间的夹角应为90°，公差不得超过0.5°；试件各边长公差不得超过1mm，并应分别编号、称重，然后按编号置入试件架内，且试件架与试件的接触面积不宜超过试件底面的1/5。试件与箱体内壁之间应至少留有20mm的空隙。试件架中各试件之间应至少保持30mm的空隙。

(3) 冷冻时间应在冻融箱内温度降至－18℃时开始计算。每次从装完试件到温度降至－18℃所需的时间应在1.5～2.0h。冻融箱内温度在冷冻时保持在－20～－18℃。

(4) 每次冻融循环中试件的冷冻时间不应小于4h。

(5) 冷冻结束后，应立即加入温度为18～20℃的水，使试件转入融化状态，加水时间不应超过10min。控制系统应确保在30min内，水温不低于10℃，且在30min后水温能保持在18～20℃。冻融箱内的水面应至少高出试件表面20mm。融化时间不应小于4h。融化完毕视为该次冻融循环结束，可进入下一次冻融循环。

(6) 每25次循环宜对冻融试件进行一次外观检查。当出现严重破坏时，应立即进行称重。当一组试件的平均质量损失率超过5%，可停止其冻融循环实验。

(7) 试件在达到表3-3规定的冻融循环次数后，对试件应称重并进行外观检查，应详细记录试件的表面破损、裂缝及边角缺损情况。当试件表面破损严重时，应先用高强石膏找平，然后应进行抗压强度实验。

(8) 当冻融循环因故中断且试件处于冷冻状态时，试件应继续保持冷冻状态，直至恢复冻融实验为止，并应将故障原因及暂停时间在实验结果中注明。当试件处在融化状态下因故中断时，中断时间不应超过两个冻融循环的时间。在整个实验过程中，超过两个冻融循环时间的中断故障次数不得超过两次。

(9) 当部分试件由于失效破坏或者停止实验被取出时，应用空白试件填充空位。

(10) 对比试件应继续保持原有的养护条件，直到完成冻融循环后，与冻融实验的试件同时进行抗压强度实验。

(11) 当冻融循环出现下列三种情况之一时，可停止实验：①已达到规定的冻融循环次数；②试件的抗压强度损失率已达到25%；③试件的质量损失率已达到5%。

2. 快冻法

实验按照下列步骤进行。

(1) 在标准养护室内或同条件养护的试件应在养护龄期为24d时提前将冻融实验的试件从养护地点取出，随后应将冻融试件放在20℃±2℃的水中浸泡，浸泡时水面应高出试件顶面20～30mm。在水中浸泡时间应为4d，试件应在28d龄期时开始进行冻融实验。始终在水中养护的试件，当试件养护龄期达到28d时，可直接进行后续实验。对此种情况，应在实验报告中予以说明。

(2) 当试件养护龄期达到28d时应及时取出试件，用湿布擦除表面水分后应对外观尺寸进行测量(试件外观尺寸要求同慢冻法)，并应编号、称量试件初始质量W_{0i}；然后应按标准GB/T 50082—2009《普通混凝土长期性能和耐久性能试验方法标准》第5章的规定测定其横向基频的初始值f_{0i}。

(3) 将试件放入试件盒内，试件应位于试件盒中心，然后将试件盒放入冻融箱内的试件架中，并向试件盒中注入清水。在整个实验过程中，盒内水位高度应始终保持至少高出试件顶面5mm。

(4) 测温试件盒应放在冻融箱的中心位置。

(5) 冻融循环过程应符合下列规定：①每次冻融循环应在2～4h内完成，且用于融化的时间不得少于整个冻融循环时间的1/4。②在冷冻和融化过程中，试件中心最低和最高温度应分别控制在−18℃±2℃和5℃±2℃内。在任意时刻，试件中心温度不得高于7℃，且不得低于−20℃。③每块试件从3℃降至−16℃所用的时间不得少于冷冻时间的1/2；每块试件从−16℃升至3℃所用时间不得少于整个融化时间的1/2，试件内外的温差不宜超过28℃。④冷冻和融化之间的转换时间不宜超过10min。

(6) 每隔25次冻融循环宜测量试件的横向基频f_{ni}。测量前应先将试件表面浮渣清洗干净并擦干表面水分，然后应检查其外部损伤并称量试件的质量W_{ni}，随后测量横向基频。测完后，应迅速将试件调头重新装入试件盒内并加入清水，继续实验。试件的测量、称量及外观检查应迅速，待测试件应用湿布覆盖。

(7) 当有试件停止实验被取出时，应另用其他试件填充空位。当试件在冷冻状态下因故中断时，试件应保持在冷冻状态，直至恢复冻融实验为止，并应将故障原因及暂停时间在实验结果中注明。试件在非冷冻状态下发生故障的时间不宜超过两个冻融循环的时间。在整个实验过程中，超过两个冻融循环时间的中断故障次数不得超过两次。

(8) 当冻融循环出现下列情况之一时,可停止实验:①达到规定的冻融循环次数;②试件的相对动弹性模量下降到60%;③试件的质量损失率达5%。

3.2.5 结果计算

1. 慢冻法

(1) 强度损失率应按式(3-4)进行计算,精确至0.1%。

$$\Delta f_c = \frac{f_{c0} - f_{cn}}{f_{c0}} \times 100\% \tag{3-4}$$

式中,Δf_c 为 n 次冻融循环后的混凝土抗压强度损失率,%;f_{c0} 为对比用的一组混凝土试件的抗压强度测定值,MPa,精确至0.1MPa;f_{cn} 为经 n 次冻融循环后的一组混凝土试件抗压强度测定值,MPa,精确至0.1MPa。

(2) f_{c0} 和 f_{cn} 应以三个试件抗压强度实验结果的算术平均值作为测定值。当三个试件抗压强度最大值或最小值与中间值之差超过中间值的15%时,应剔除此值,再取其余两值的算术平均值作为测定值;当最大值和最小值均超过中间值的15%时,应取中间值作为测定值。

(3) 单个试件的质量损失率应按式(3-5)计算,精确至0.01%。

$$\Delta W_{ni} = \frac{W_{0i} - W_{ni}}{W_{0i}} \times 100\% \tag{3-5}$$

式中,ΔW_{ni} 为 n 次冻融循环后第 i 个混凝土试件的质量损失率,%;W_{0i} 为冻融循环实验前第 i 个混凝土试件的质量,g;W_{ni} 为 n 次冻融循环后第 i 个混凝土试件的质量,g。

(4) 一组试件的平均质量损失率应按式(3-6)计算,精确至0.1%。

$$\Delta W_n = \frac{\sum_{i=1}^{3} \Delta W_{ni}}{3} \times 100\% \tag{3-6}$$

式中,ΔW_n 为 n 次冻融循环后一组混凝土试件的平均质量损失率,%。

(5) 每组试件的平均质量损失率应以三个试件的质量损失率实验结果的算术平均值作为测定值。当某个实验结果出现负值,应取0,再取三个试件的算术平均值。当三个值中的最大值或最小值与中间值之差超过1%时,应剔除此值,再取其余两值的算术平均值作为测定值;当最大值和最小值与中间值之差均超过1%时,应取中间值作为测定值。

(6) 抗冻标号应以抗压强度损失率不超过25%或者质量损失率不超过5%时的最大冻融循环次数按表3-3确定。

2. 快冻法

(1) 相对动弹性模量应按式(3-7)计算,精确至0.1%。

$$P_i=\frac{f_{ni}^2}{f_{0i}^2}\times 100\% \tag{3-7}$$

式中,P_i 为 n 次冻融循环后第 i 个混凝土试件的相对动弹性模量,%; f_{ni} 为 n 次冻融循环后第 i 个混凝土试件的横向基频,Hz; f_{0i} 为冻融循环实验前第 i 个混凝土试件的横向基频初始值,Hz。

(2) 一组试件的相对动弹性模量应按式(3-8)计算,精确至0.1%。

$$P=\frac{1}{3}\sum_{i=1}^{3}P_i \tag{3-8}$$

式中,P 为 n 次冻融循环后一组混凝土试件的相对动弹性模量,%。

(3) 相对动弹性模量 P 应以三个试件实验结果的算术平均值作为测定值。当最大值或最小值与中间值之差超过中间值的15%时,应剔除此值,并应取其余两值的算术平均值作为测定值;当最大值和最小值与中间值之差均超过中间值的15%时,应取中间值作为测定值。

(4) 单个试件的质量损失率应按式(3-9)计算,精确至0.01%。

$$\Delta W_{ni}=\frac{W_{0i}-W_{ni}}{W_{0i}}\times 100\% \tag{3-9}$$

式中,ΔW_{ni} 为 n 次冻融循环后第 i 个混凝土试件的质量损失率,%; W_{0i} 为冻融循环实验前第 i 个混凝土试件的质量,g; W_{ni} 为 n 次冻融循环后第 i 个混凝土试件的质量,g。

(5) 一组试件的平均质量损失率应按式(3-10)计算,精确至0.1%。

$$\Delta W_n=\frac{\sum_{i=1}^{3}\Delta W_{ni}}{3}\times 100\% \tag{3-10}$$

式中,ΔW_n 为 n 次冻融循环后一组混凝土试件的平均质量损失率,%。

(6) 每组试件的平均质量损失率应以三个试件的质量损失率实验结果的算术平均值作为测定值。当某个实验结果出现负值,应取0,再取三个试件的平均值。当三个值中的最大值或最小值与中间值之差超过1%时,应剔除此值,并应取其余两值的算术平均值作为测定值;当最大值和最小值与中间值之差均超过1%时,应取中间值作为测定值。

(7) 混凝土抗冻等级应以相对动弹性模量下降至不低于60%或者质量损失率不超过5%时的最大冻融循环次数来确定,并用符号F表示。

3.2.6 实验记录

混凝土抗冻性能实验记录见表 3-4 和表 3-5。

表 3-4 混凝土抗冻性能实验记录(慢冻法)

项目	试件编号	冻融循环次数												
		0	25	50	75	100	125	150	175	200	225	250	275	300
实验前单个试件质量 W_{0i}/g	1													
	2													
	3													
n 次循环后单个试件质量 W_{ni}/g	1													
	2													
	3													
单个试件质量损失率 ΔW_{ni}/%	1													
	2													
	3													
该组试件质量损失率 ΔW_n/%														
n 次循环后单个试件抗压强度 f_{cni}/MPa	1													
	2													
	3													
n 次循环后该组试件抗压强度 f_{cn}/MPa														
对比组单个试件抗压强度 f_{c0i}/MPa	1													
	2													
	3													
对比组试件的抗压强度 f_{c0}/MPa														
该组试件强度损失率 Δf_c/%														
抗冻等级														
备注														

表 3-5 混凝土抗冻性能实验记录(快冻法)

项目	试件编号	冻融循环次数												
		0	25	50	75	100	125	150	175	200	225	250	275	300
实验前单个试件质量 W_{0i}/g	1													
	2													
	3													
n 次循环后单个试件质量 W_{ni}/g	1													
	2													
	3													
单个试件质量损失率 ΔW_{ni}/%	1													
	2													
	3													
该组试件质量损失率 ΔW_n/%														
n 次循环后单个试件横向基频 f_{ni}/Hz	1													
	2													
	3													
实验前单个试件横向基频初始值 f_{0i}/Hz	1													
	2													
	3													
单个试件相对动弹性模量 P_i/%	1													
	2													
	3													
该组试件相对动弹性模量 P/%														
抗冻等级														
备注														

3.2.7 实验注意事项

1. 实验难点

(1) 快冻法测温试件的制作。测温试件应埋有温度传感器，温度传感器应埋设在试件中心。不应采用钻孔后插入的方式埋设。

(2) 快冻法实验过程中冻融温度的控制。在冷冻和融化过程中，试件中心最低和最高温度应分别控制在−18℃±2℃和5℃±2℃。在任意时刻，试件中心温度不得高于7℃，且不得低于−20℃。

2. 容易出错处

(1) 涉及的计算比较多,防止计算出错。

(2) 计算结果的取舍。应仔细阅读 3.2.5 节关于一组试件(三块)中最大值和最小值与中间值的比较规则,确保数值取舍正确。

实验思考题

1. 慢冻法与快冻法的适用对象有何不同?
2. 混凝土的抗冻等级如何表示?叙述 F100 表示的含义。
3. 概括总结慢冻法与快冻法的区别有哪些。

3.3 混凝土抗折强度实验

道路、桥梁、机场跑道等混凝土工程是以抗折(抗弯拉)强度作为主要技术指标的。本节介绍混凝土抗折强度实验方法。

3.3.1 实验目的

测定混凝土抗折强度,用以检查道路、桥梁、机场跑道等以抗折强度为主要技术指标的混凝土工程质量。

3.3.2 仪器设备

(1) 抗折试验机或万能试验机。试件破坏荷载宜为试验机全量程的 20%~80%;示值相对误差应为±1%。

(2) 抗折试验装置。按三分点加荷(图 3-4),抗折试验装置应符合以下要求:①双点加荷的钢制加荷头应使两个相等的荷载同时垂直作用在试件跨度的两个三分点处;②与试件接触的两个支座头和两个加荷头应采用直径为 20~40mm、长度不小于 $b+10$mm(b 为试件截面宽度)的硬钢圆柱,支座立脚点应为固定铰支,其他三个应为滚动支点。

3.3.3 试件的制作

(1) 混凝土抗折强度试件为棱柱体小梁试件。标准棱柱体试件尺寸为 150mm×150mm×600mm(或 550mm),如确有必要,允许采用 100mm×100mm×400mm

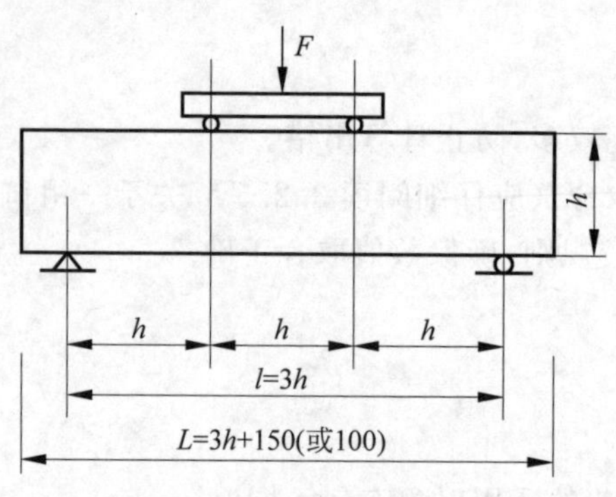

图 3-4 抗折试验装置

非标准棱柱体试件。

(2) 混凝土抗折强度试件每组为 3 块。

(3) 在试件长向中部 1/3 区段内表面不得有直径超过 5mm、深度超过 2mm 的孔洞。

(4) 试件成型请参阅 2.5.4 节第 3 条第 3 项的规定。

3.3.4 试件的养护

(1) 试件应在标准条件下养护，即应在温度为 20℃±5℃ 的环境中静置 1～2d，然后编号、拆模。拆模后应立即放入温度为 20℃±2℃、相对湿度为 95%以上的标准养护室中养护，或者放于温度为 20℃±2℃不流动的 $Ca(OH)_2$ 饱和溶液中养护。标准养护室内试件应放在支架上，彼此间隔 10～20mm，试件表面应保持潮湿，并不得被水直接冲淋。

(2) 同条件养护试件的拆模时间可与实际试件的拆模时间相同，拆模后，试件仍需保持同条件养护。

(3) 试件的养护龄期可分为 1d、3d、7d、28d、56d 或 60d、84d 或 90d、180d 等，也可根据设计龄期或需要进行确定，龄期应从搅拌加水开始计时，养护龄期的允许偏差宜符合表 3-6 的规定。

表 3-6 养护龄期的允许偏差

养护龄期	1d	3d	7d	28d	56d 或 60d	≥84d
允许偏差	±30min	±2h	±6h	±20h	±24h	±48h

3.3.5 实验步骤

(1) 试件到达实验龄期时，从养护地点取出后，应检查其尺寸及形状，尺寸公差应满足标准规定。如试件中部 1/3 长度内有蜂窝(如大于 ϕ7mm×2mm),该试件应立即作废,否则应在记录中注明。试件取出后应尽快进行实验。

(2) 试件放置在试验装置前,应将试件表面擦拭干净,并在试件侧面画出加荷线位置。

(3) 试件安装时,可调整支座和加荷头位置,安装尺寸偏差不得大于 1mm。试件的承压面应为试件成型时的侧面。支座及承压面与圆柱的接触面应平稳、均匀,否则应垫平。

(4) 在实验过程中应连续均匀地加荷,当对应的立方体抗压强度小于 30MPa 时,加荷速度宜取 0.02～0.05MPa/s;对应的立方体抗压强度为 30～60MPa 时,加荷速度宜取 0.05～0.08MPa/s;对应的立方体抗压强度不小于 60MPa 时,加荷速度宜取 0.08～0.10MPa/s。

(5) 手动控制压力机加荷速度时,当试件接近破坏时,应停止调整试验机油门,直至破坏,并应记录破坏荷载及试件下边缘的断裂位置。

3.3.6 结果计算

(1) 若试件下边缘断裂位置处于两个集中荷载作用线之间,则试件的抗折强度应按式(3-11)计算,计算结果应精确至 0.1MPa。

$$f_{\mathrm{f}}=\frac{Fl}{bh^2} \tag{3-11}$$

式中,f_{f} 为混凝土抗折强度,MPa;F 为试件破坏荷载,N;l 为支座间跨度,mm;b 为试件截面宽度,mm;h 为试件截面高度,mm。

(2) 抗折强度值的确定应符合下列规定:①应以三个试件测值的算术平均值作为该组试件的抗折强度值;②当三个测值中的最大值或最小值中有一个与中间值的差值超过中间值的 15%时,应把最大值和最小值一并舍除,取中间值作为该组试件的抗折强度值;③当最大值和最小值与中间值的差值均超过中间值的 15%时,该组试件的实验结果无效。

(3) 当三个试件中有一个折断面位于两个集中荷载之外时,混凝土抗折强度值应按另两个试件的实验结果计算。当这两个测值的差值不大于这两个测值的较小值的 15%时,该组试件的抗折强度值应按这两个测值的平均值计算,否则该组试件的实验结果无效。当有两个试件的下边缘断裂位置位于两个集中荷载作用线之外时,该组试件实验无效。

(4) 当试件尺寸为 100mm×100mm×400mm 的非标准试件时,应乘以尺寸换算系数 0.85;当混凝土强度等级不小于 C60 时,宜采用标准试件;当使用非标准试件时,尺寸换算系数应由实验确定。

3.3.7 实验记录

混凝土抗折强度实验记录见表3-7。

表3-7 混凝土抗折强度实验记录

试件编号	破坏荷载 F/kN	试件截面宽度 b/mm	试件截面高度 h/mm	支座跨度 l/mm	抗折强度/MPa		
					单块强度值 f_f/MPa	最大值、最小值与中间值的差值是否超过中间值的15%	强度代表值/MPa
备注	1. 龄期为________ d; 2. 试件尺寸/mm:________; 3. 试件破坏情况:________						

3.3.8 实验注意事项

1. 实验难点

(1) 混凝土试件的制作和控制混凝土养护的条件。

(2) 安装试件时,试件应对准几何中心再进行加荷,要求安装尺寸偏差不得大于1mm。

(3) 根据对应的立方体抗压强度控制加荷速度。

2. 容易出错处

(1) 选择合适的试验机量程,使试件的破坏荷载在试验机量程的20%~80%。

(2) 实验数据的处理,试件抗折强度值的取舍与最终实验结果的确定。请仔细阅读并理解3.3.6小节第2、3项的规定。

实验思考题

1. 试比较水泥胶砂抗折强度与混凝土抗折强度试验装置以及计算公式的区别。

2. 对于一组(3块)混凝土试件进行抗折强度实验,试件尺寸为100mm×100mm×400mm,其极限破坏荷载分别为35.7kN、37.5kN、43.2kN,该组混凝土试件的抗折强度为多少?

3.4 混凝土劈裂抗拉强度实验

混凝土抗拉强度对于混凝土抗裂性有重要意义,它是结构设计中确定混凝土抗裂性能的主要指标,因此有抗裂要求的结构,必须对抗拉强度提出要求,有时混凝土抗拉强度也被用来间接衡量混凝土与钢筋的黏结强度。

混凝土抗拉强度实验有轴心抗拉法(沿轴向拉伸试件)和劈裂抗拉法两种方法,用轴心抗拉法测抗拉强度,荷载的作用线不易对准试件的轴线,夹具处常发生局部破坏,致使测得的强度值很不准确,所以我国采用劈裂抗拉法来间接测定混凝土的抗拉强度,称为劈裂抗拉强度。本节主要介绍混凝土劈裂抗拉强度实验方法。

3.4.1 实验目的

测定混凝土劈裂抗拉强度,评定混凝土抗裂性能或衡量混凝土与钢筋的黏结强度。

3.4.2 仪器设备

(1) 万能试验机:试件破坏荷载宜为试验机量程的20%～80%;示值相对误差应为±1%。

(2) 钢垫板:采用横截面半径为75mm的钢制弧形垫块(图3-5),垫块的长度与试件相同。

(3) 垫条:应由普通胶合板或硬质纤维板制成,宽度为20mm,厚度为3～4mm,长度不小于试件长度,垫条不得重复使用。定位支架应为钢支架(图3-6)。

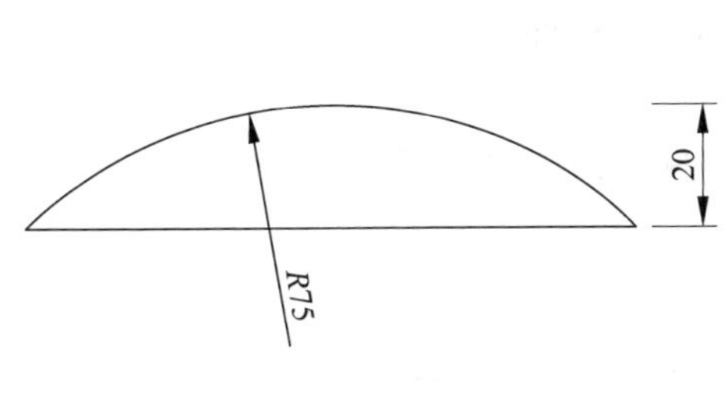

图3-5 垫块

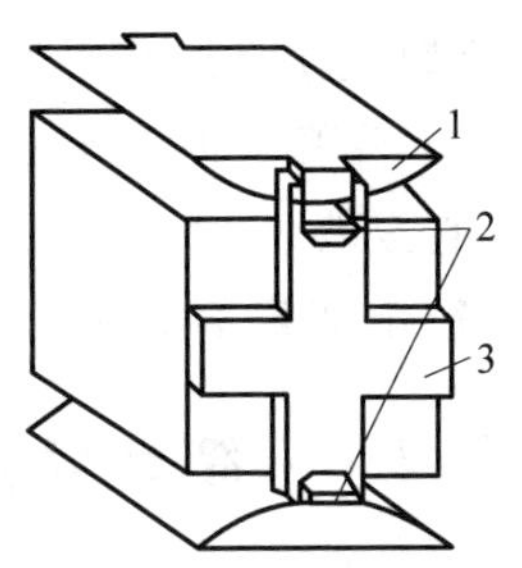

1—垫块;2—垫条;3—支架。

图3-6 定位支架示意图

3.4.3 试件的制作

(1) 混凝土劈裂抗拉强度试件为立方体试件，标准试件应是边长为150mm的立方体试件，边长为100mm和200mm的立方体试件是非标准试件。

(2) 每组试件应为3块。

(3) 试件成型请参阅2.5.4节第3条第3项的规定。

(4) 制作的试件应有明显和持久的标记，且不破坏试件。

3.4.4 试件的养护

同3.3.4节。

3.4.5 实验步骤

(1) 试件到达实验龄期时，从养护地点取出后，应检查其尺寸及形状，尺寸公差应满足标准的规定，试件取出后应尽快进行实验。

(2) 试件放置试验机前，应将试件表面与上、下承压板面擦拭干净。在试件成型时的顶面和底面中部画出相互平行的直线，确定出劈裂面的位置。

(3) 将试件放在试验机下承压板的中心位置，劈裂承压面和劈裂面应与试件成型时的顶面垂直；在上、下压板与试件之间垫以圆弧形垫块及垫条各一条，垫块与垫条应与试件上、下面的中心线对准，并与成型时的顶面垂直。宜把垫条及试件安装在定位架(图3-6)上使用。

(4) 开启试验机，试件表面与上、下承压板或钢垫板应均匀接触。

(5) 在实验过程中应连续均匀地加荷，当对应的立方体抗压强度小于30MPa时，加荷速度宜取0.02～0.05MPa/s；对应的立方体抗压强度为30～60MPa时，加荷速度宜取0.05～0.08MPa/s；对应的立方体抗压强度不小于60MPa时，加荷速度宜取0.08～0.10MPa/s。

(6) 采用手动控制压力机加荷速度时，当试件接近破坏时，应停止调整试验机油门，直至破坏，然后记录破坏荷载。

(7) 试件断裂面应垂直于承压面，当断裂面不垂直于承压面时，应做好记录。

3.4.6 结果计算

(1) 混凝土劈裂抗拉强度应按式(3-12)计算，精确至0.01MPa。

$$f_{ts}=\frac{2F}{\pi A}=0.637\frac{F}{A} \tag{3-12}$$

式中，f_{ts} 为混凝土劈裂抗拉强度，MPa；F 为试件破坏荷载，N；A 为试件劈裂面面积，mm^2。

(2) 混凝土劈裂抗拉强度值的确定应符合下列规定：①应以3个试件测值的算术平均值作为该组试件的劈裂抗拉强度值；②当3个测值中的最大值或最小值中有一个与中间值的差值超过中间值的15%时，应把最大值及最小值一并舍除，取中间值作为该组试件的劈裂抗拉强度值；③当最大值和最小值与中间值的差值均超过中间值的15%时，该组试件的实验结果无效。

(3) 采用100mm×100mm×100mm的非标准试件测得的劈裂抗拉强度值，应乘以尺寸换算系数0.85；当混凝土强度等级不小于C60时，应采用标准试件。

3.4.7 实验记录

混凝土劈裂抗拉强度实验记录见表3-8。

表3-8 混凝土劈裂抗拉强度实验记录

试件编号	劈裂面面积 A/mm^2	破坏荷载 F/kN	劈裂抗拉强度/MPa		
			单块强度值 f_{ts}/MPa	最大值、最小值与中间值的差值是否超过中间值的15%	强度代表值/MPa
备注	1. 龄期为________d； 2. 试件尺寸/mm：________； 3. 试件破坏情况：________________				

3.4.8 实验注意事项

1. 实验难点

(1) 混凝土试件的制作和控制混凝土养护的条件。

(2) 安装试件时，垫块与垫条应与试件上、下面的中心线对准，并与成型时的顶面垂直。

(3) 根据对应的立方体抗压强度控制加荷速度。

2. 容易出错处

(1) 选择合适的试验机量程，使试件的破坏荷载在试验机量程的20%～80%。

(2) 实验数据的处理,试件劈裂抗拉强度值的取舍与最终实验结果的确定。

(3) 垫条不得重复使用。

实验思考题

1. 测定混凝土抗拉强度的意义何在?
2. 混凝土抗拉强度实验,为什么多用劈裂法代替轴心抗拉法?
3. 你认为影响实验结果的关键操作有哪些?

3.5 混凝土轴心抗压强度实验

工程实际中,钢筋混凝土受压构件往往是棱柱体或圆柱体,为了使测得的混凝土强度接近于混凝土结构的实际情况,在钢筋混凝土结构计算中,计算轴心受压构件(如柱子)时,都是采用混凝土的轴心抗压强度作为依据,所谓轴心抗压强度是采用150mm×150mm×300mm的棱柱体作为标准试件所测得的抗压强度。本节主要介绍混凝土轴心抗压强度实验方法。

3.5.1 实验目的

测定混凝土轴心抗压强度,评定混凝土的实际受压情况。

3.5.2 仪器设备

棱柱体试模(尺寸为150mm×150mm×300mm)、压力试验机等。

3.5.3 试件的制作

(1) 混凝土轴心抗压强度标准试件是边长为150mm×150mm×300mm的棱柱体试件,边长为100mm×100mm×300mm和200mm×200mm×400mm的棱柱体试件是非标准试件。

(2) 每组试件为3块。

(3) 试件成型请参阅2.5.4节第3条第3项的规定。

(4) 制作的试件应有明显和持久的标记,且不破坏试件。

3.5.4 试件的养护

同3.3.4节。

3.5.5 实验步骤

(1) 试件到达实验龄期时，从养护地点取出后，应检查其尺寸及形状，尺寸公差应满足标准的规定，试件取出后应尽快进行实验。

(2) 试件放置试验机前，应将试件表面与上、下承压板面擦拭干净。

(3) 将试件直立放置在试验机的下压板或钢垫板上，并应使试件轴心与下压板中心对准(图 3-7)。

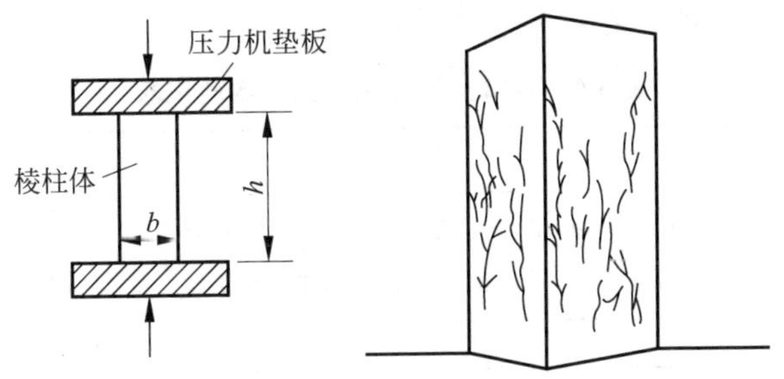

图 3-7 混凝土轴心抗压强度实验示意图

(4) 开启试验机，试件表面与上、下承压板或钢垫板应均匀接触。

(5) 在实验过程中应连续均匀地加荷，加荷速度应取 0.3～1.0MPa/s。当棱柱体混凝土试件轴心抗压强度小于 30MPa 时，加荷速度宜取 0.3～0.5MPa/s；棱柱体混凝土试件轴心抗压强度为 30～60MPa 时，加荷速度宜取 0.5～0.8MPa/s；棱柱体混凝土试件轴心抗压强度不小于 60MPa 时，加荷速度宜取 0.8～1.0MPa/s。

(6) 手动控制压力机加荷速度时，当试件接近破坏开始急剧变形时，应停止调整试验机油门，直至破坏，然后记录破坏荷载。

3.5.6 结果计算

(1) 混凝土轴心抗压强度应按式(3-13)计算，精确至 0.1MPa。

$$f_{cp}=\frac{F}{A} \tag{3-13}$$

式中，f_{cp} 为混凝土轴心抗压强度，MPa；F 为试件破坏荷载，N；A 为试件承压面积，mm^2。

(2) 混凝土轴心抗压强度值的确定应符合以下的规定：①取三个试件测值的算术平均值作为该组试件的强度值；②当三个测值中的最大值或最小值中有一个与中间值的差值超过中间值的 15%时，应把最大值及最小值剔除，取中间值作为该组试件的轴心抗压强度值；③当最大值和最小值与中间值的差值均超过中间值的15%时,该组试件的实验结果无效。

(3) 混凝土强度等级小于C60时,用非标准试件测得的强度值均应乘以尺寸换算系数,对200mm×200mm×400mm的试件为1.05;对100mm×100mm×300mm的试件为0.95。当混凝土强度等级不小于C60时,宜采用标准试件;使用非标准试件时,尺寸换算系数应由试验确定。

3.5.7 实验记录

混凝土轴心抗压强度实验记录见表3-9。

表3-9 混凝土轴心抗压强度实验记录

<table>
<tr><th rowspan="2">试样编号</th><th rowspan="2">受压面积 A/mm²</th><th rowspan="2">破坏荷载 F/kN</th><th colspan="3">轴心抗压强度/MPa</th><th rowspan="2">备　注</th></tr>
<tr><th>单块强度值 f_{cp}/MPa</th><th>最大值、最小值与中间值的差值是否超过中间值的15%</th><th>强度代表值/MPa</th></tr>
<tr><td></td><td></td><td></td><td></td><td rowspan="3"></td><td rowspan="3"></td><td rowspan="3">1. 标准养护;
2. 龄期为____d</td></tr>
<tr><td></td><td></td><td></td><td></td></tr>
<tr><td></td><td></td><td></td><td></td></tr>
</table>

3.5.8 实验注意事项

1. 实验难点

(1) 混凝土试件的制作和控制混凝土养护的条件。
(2) 试件放置试验机上时,试件轴心与下压板中心对准,不可偏压。
(3) 根据对应的棱柱体混凝土试件轴心抗压强度值控制加荷速度。

2. 容易出错处

(1) 将试件直立放置在试验机的下压板或钢垫板上,不是水平放置。
(2) 选择合适的试验机量程,使试件的破坏荷载在试验机量程的20%~80%。
(3) 实验数据的处理,试件轴心抗压强度值的取舍与最终实验结果的确定。

实验思考题

1. 测定混凝土轴心抗压强度的意义何在?
2. 混凝土轴心抗压强度与同截面的立方体抗压强度相比,有何不同?为什么？

3. 棱柱体试件随着高宽比的增大，其轴心抗压强度有何变化？为什么？

3.6 土工合成材料实验

土工合成材料是以人工合成的聚合物（如塑料、化纤、合成橡胶等）为原料所制成的各种类型的产品，它常置于土体内部、表面或各种土体之间，发挥加强或保护土体的作用。因为它们主要用于岩土工程，故冠以“土工”两字。

土工合成材料最早有土工织物、土工膜等产品。随着工程需要，这类材料不断有新品种出现，例如土工格栅、土工网和土工模袋、土工网垫、土工带、复合土工膜、膨润土防水毯、复合排水网等，本节主要介绍几种常用的土工合成材料（如土工织物、土工膜、土工格栅等）的力学性能与抗渗性能的检测和实验方法。

3.6.1 土工织物（土工布）实验

土工织物也称为土工布，制造方法可分为有纺（织造）土工织物和无纺（非织造）土工织物。

土工织物突出的优点是重量轻、整体连续性好（可做成较大面积的整体织物）、施工方便、抗拉强度较高、耐腐蚀和抗微生物侵蚀性好；缺点是未经特殊处理，抗紫外线能力低，如暴露在外，受紫外线直接照射容易老化。

1. 单位面积质量测定

1）实验目的

测定土工织物单位面积质量，用以评定其物理性能。本方法也适用于土工膜单位面积质量测定。

2）仪器设备

天平（感量 0.01g）、钢尺（最小分度值为 1mm）、裁刀或剪刀。

3）试样制备

（1）剪取试样。试样剪取距样品边缘应不小于 100mm；试样应该有代表性，不同试样应避免位于同一纵向和横向位置上，即采用梯形取样法，如果不可避免（如卷装，幅宽较窄），应在测试报告中注明情况。剪取试样时应满足准确度要求。应先有剪裁计划，然后再剪裁。对每项测试所用的全部试样，应予以编号。

（2）试样状态调节。试样应置于温度为 20℃±2℃、相对湿度为 60%±10% 的环境中状态调节 24h。如果确认试样不受环境影响，则可省去状态调节处理，但应在记录中注明测试时的温度和湿度。

(3) 每组试样数量应不少于10个,试样面积应为100cm²,试样的裁剪和测量应准确至1mm。

4) 实验步骤

(1) 确认天平的最大称量满足要求。

(2) 试样逐一在天平上称量,读数应准确至0.01g。称量小于1g的材料应使用感量更小的天平来称量(满足称量值1%准确度要求)。

5) 结果计算

(1) 单位面积质量按式(3-14)计算,精确至1g/m²。

$$G=\frac{m}{A}\times 10^4 \tag{3-14}$$

式中,G 为单位面积质量,g/m²;m 为试样质量,g,A 为试样面积,cm²。

(2) 计算土工织物单位面积质量平均值、标准差和变异系数。

6) 实验记录

土工织物单位面积质量实验记录见表3-10。

表3-10 土工织物单位面积质量实验记录

试样编号	1	2	3	4	5	6	7	8	9	10	平均值	标准差	变异系数
质量/g											—	—	—
长度/mm											—	—	—
宽度/mm											—	—	—
面积/cm²											—	—	—
单位面积质量/(g·m⁻²)													

2. 条带拉伸实验

1) 实验目的

通过实验测定土工织物的拉伸强度和伸长率,以评定其力学性能。

2) 仪器设备

(1) 试验机。应具有等速拉伸功能。

(2) 夹具。钳口面应能防止试样在钳口内打滑,并应能防止试样在钳口内被夹损伤。两个夹具的夹持面应在一个平面内。宽条试样有效宽度为200mm,夹具实际宽度应不小于210mm;窄条试样有效宽度为50mm,夹具实际宽度应不小于60mm。

(3) 测量设备。荷载指示值或记录值应准确至1%;伸长量的测量读数应准确至1mm;应能自动记录拉力-伸长量曲线。

3）试样制备

（1）裁剪试样。试样剪取按本小节第1条第3项中的“剪取试样”的方法进行。纵横向每组试样数量不少于5个。试样尺寸：对于宽条法拉伸实验的试样裁剪宽度为200mm，长度不小于200mm，实际长度视夹具而定，应有足够的长度使试样伸出夹具，试样计量长度为100mm。对于有纺土工织物，裁剪试样宽度为210mm，在两边抽去大约相同数量的边纱，使试样宽度达到200mm。对于窄条法拉伸实验的试样裁剪宽度为50mm，长度应不小于200mm，且应有足够长度的试样伸出夹具，试样计量长度为100mm。对于有纺土工织物，裁剪试样宽度为60mm，在两边抽去大约相同数量的边纱，使试样宽度达到50mm。

（2）如进行干态与湿态两种拉伸强度实验，应裁剪两倍的试样长度，然后一剪为二，一组测干强度，另一组测湿强度。

（3）试样状态调节。按本小节第1条第3项中的“试样状态调节”的规定进行。

4）实验步骤

（1）准备好干、湿试样。对湿态试样从水中取出至上机拉伸的时间间隔应不大于10min。

（2）选择合适的试验机量程。设定拉伸速度为20mm/min。将两夹具的初始间距调至100mm。

（3）将试样对中放入夹具内夹紧。开启试验机，同时启动记录装置，记录拉力-伸长量曲线，连续运转直至试样破坏，停机。

（4）若试样在钳口内打滑，或在钳口边缘或钳口内被夹坏，且该测值小于平均值的80%，则该实验结果应予剔除，并增补试样。当试样在钳口内打滑或大多数试样被钳口夹坏，宜采取下列改进措施：①钳口内加衬垫；②钳口内的试样用涂料加强；③改进钳口面。

（5）重复以上步骤对其余试样进行实验。

5）结果计算

（1）拉伸强度按式(3-15)计算。

$$T_1=\frac{F}{B} \tag{3-15}$$

式中，T_1 为拉伸强度，kN/m；F 为最大荷载，kN；B 为试样宽度，m。

以至少10个试样拉伸强度的平均值作为最后结果。

（2）伸长率按式(3-16)计算。

$$\varepsilon=\frac{\Delta L}{L_0}\times 100\% \tag{3-16}$$

式中，ε 为伸长率，%；L_0 为试样计量长度，mm，ΔL 为最大荷载时试样计量长度的伸长量，mm。

(3) 计算拉伸强度及伸长率的平均值、标准差和变异系数。

(4) 拉伸模量计算。①初始拉伸模量 E_1。如果应力-应变曲线在初始阶段是线性的，取初始切线斜率为初始拉伸模量。②偏移拉伸模量 E_0。当应力-应变曲线开始段坡度小，中间部分接近线性，取中间直线的斜率为偏移拉伸模量。③割线拉伸模量 E_s。当应力-应变曲线始终呈非线性，可采用割线法。从原点到曲线上某一点连一直线，此直线斜率即为该点对应的割线拉伸模量。

6) 实验记录

条带拉伸实验记录见表 3-11。

表 3-11 条带拉伸实验记录

试样编号	纵向				横向			
	拉力/kN	强度/kN/m	伸长量 ΔL/mm	伸长率/%	拉力/kN	强度/kN/m	伸长量 ΔL/mm	伸长率/%
1								
2								
3								
4								
5								
平均值	—		—		—		—	
标准差	—		—		—		—	
变异系数	—		—		—		—	
备注	试样计量长度 L_0=				试样宽度 B=			

3. 垂直渗透实验

1) 实验目的

通过测定土工织物垂直渗透系数和透水率，以评定其透水性能。

2) 仪器设备

(1) 垂直渗透实验仪。包括安装试样装置、供水装置、恒水位装置与水位测量装置，垂直渗透实验原理如图 3-8 所示。

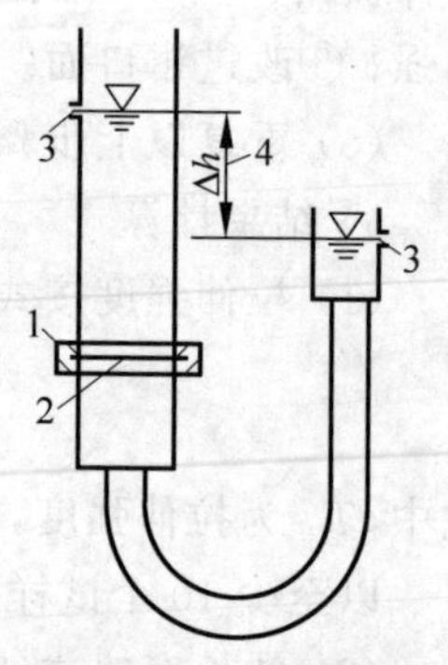

1—安装试样装置；2—试样；3—溢水口；4—水位差。

图 3-8 垂直渗透实验原理图

(2) 安装试样装置。试样有效过水面积应不小于 20cm^2，应能装单片和多片土工织物试样；试样密封应良好，不应有渗漏。

(3) 供水装置。管路宜短而粗，减小水头损失。

(4) 恒水位装置。容器应有溢流装置，在实验过程中保持常水头。并且容器应能调节水位，水头变化范围为 1～150mm。

(5) 水位测量装置。水位测量应准确至 1mm。

(6) 其他。包括计时器、量筒、水桶、温度计等。计时器准确至 0.1s，量筒准确至 1%，温度计准确至 0.5℃。

(7) 对新安装的系统应做空态(无试样)率定，以确定设备自身的水头损失，在进行试样渗透系数计算时予以修正。

3) 实验准备

(1) 试样裁剪。试样剪取按本小节第 1 条第 3 项中的“剪取试样”的方法进行。

(2) 试样状态调节。按本小节第 1 条第 3 项中的“试样状态调节”的规定进行。

(3) 试样数量。单片试样应不少于 5 个，多片试样应不少于 5 组。

(4) 实验用水应为无杂质脱气水或蒸馏水。

4) 实验步骤

(1) 试样应充分饱和。试样安装操作过程中应防止空气进入试样，有条件的宜在水下装样。

(2) 调节上游水位，应使其高出下游水位，水从上游流向下游，并溢出。

(3) 待上下游水位差 Δh 稳定后，测读 Δh，开启计时器，用量筒接取一定时段内的渗透水量，并测量水量与时间，测量时间应不少于 105s，测量水量应不少于 100mL。

(4) 调节上游水位，改变水力梯度，重复第 2 项、第 3 项步骤。作渗透流速与水力梯度的关系曲线，取其线性范围内的实验结果，计算平均渗透系数。

(5) 重复上述过程对其余试样进行实验。

5) 结果计算

(1) 垂直渗透系数按式(3-17)计算。

$$k_{20}=\frac{V\delta}{A\Delta ht}\eta \tag{3-17}$$

式中，k_{20} 为 20℃时垂直渗透系数，cm/s；V 为渗透水量，cm^3；δ 为试样厚度，cm；A 为试样过水面积，cm^2；Δh 为上下游水位差，cm；t 为通过水量 V 的历时，s；η 为水温修正系数，见表 3-12。

表 3-12 水温修正系数

温度/℃	水温修正系数 η	温度/℃	水温修正系数 η	温度/℃	水温修正系数 η
5.0	1.501	15.0	1.133	25.5	0.880
5.5	1.478	15.5	1.119	26.0	0.870
6.0	1.456	16.0	1.104	26.5	0.861
6.5	1.434	17.0	1.077	27.0	0.851
7.0	1.413	17.5	1.063	27.5	0.842
7.5	1.393	18.0	1.050	28.0	0.833
8.0	1.373	18.5	1.037	28.5	0.824
8.5	1.353	19.0	1.025	29.0	0.815
9.0	1.334	19.5	1.012	29.5	0.806
9.5	1.315	20.0	1.000	30.0	0.798
10.0	1.297	20.5	0.988	30.5	0.789
10.5	1.279	21.0	0.976	31.0	0.781
11.0	1.261	21.5	0.965	31.5	0.773
11.5	1.244	22.0	0.954	32.0	0.765
12.0	1.227	22.5	0.942	32.5	0.757
12.5	1.210	23.0	0.932	33.0	0.749
13.0	1.194	23.5	0.919	34.0	0.734
13.5	1.179	24.0	0.910	35.0	0.719
14.0	1.163	24.5	0.900	—	—
14.5	1.148	25.0	0.890	—	—

(2) 透水率按式(3-18)计算。

$$\varphi_{20}=\frac{V}{A\Delta ht}\eta \tag{3-18}$$

式中,φ_{20} 为试样 20℃时的透水率,s^{-1}。

(3) 计算垂直渗透系数和透水率的平均值、标准差及变异系数。

6) 实验记录

垂直渗透实验记录见表 3-13。

4. 水平渗透实验

1) 实验目的

通过实验测定土工织物水平渗透系数和导水率,以评定其排水性能。

2) 仪器设备

(1) 水平渗透实验仪。包括安装试样装置、供水装置、恒水位装置、加荷装置与水位测量装置。水平渗透实验原理如图 3-9 所示。

表 3-13 垂直渗透实验记录

试样过水面积 A/cm^2				水温/℃			水温修正系数 η		
试样编号	厚度/cm	时间 t/s	水位/cm 上游	水位/cm 下游	渗透水量 V/cm^3	垂直渗透系数 k_{20} $/(cm \cdot s^{-1})$	垂直渗透系数平均值 k_{20} $/(cm \cdot s^{-1})$	透水率 φ_{20}/s^{-1}	透水率平均值 φ_{20}/s^{-1}
1									
2									
3									
4									
5									
备注						平均值		平均值	
						标准差		标准差	
						变异系数		变异系数	

(2) 安装试样装置。应密封不漏水。

(3) 恒水位装置。应能调节水位,满足水力梯度 1.0 时实验过程中水位差保持不变。

(4) 加荷装置。施加于试样的法向压力范围宜为 10~250kPa,并在实验过程

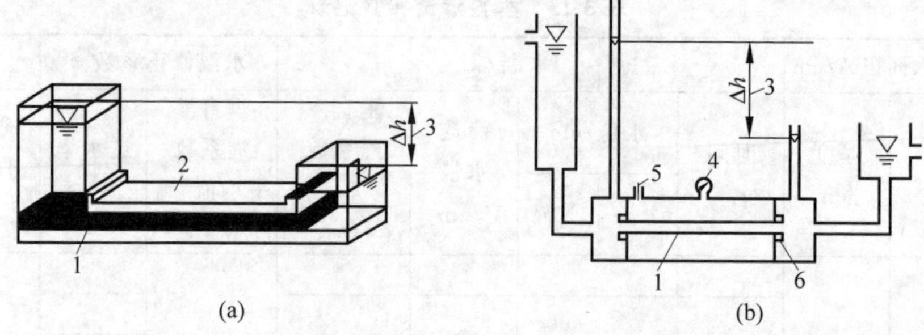

1—试样；2—加荷板；3—水位差；4—压力表；5—压力进口；6—试样密封。

图 3-9 水平渗透实验原理

(a) 直接加荷；(b) 气压加荷

中应保持恒压，对于直接加荷型，在试样上、下面应放置橡胶垫层，使荷载均匀施加于整个宽度和长度上，且橡胶垫层应无水流通道。

(5) 水位测量装置。水位测量准确至1mm。

(6) 其他。包括计时器、量筒、温度计、压力表、水桶等。计时器应准确至0.1s，量筒准确至1%，温度计准确至0.5℃，压力表宜准确至满量程的0.4%。

3) 实验准备

(1) 试样裁剪。试样剪取按本小节第1条第3项中的"剪取试样"的方法进行。

(2) 试样状态调节。按本小节第1条第3项中的"试样状态调节"的规定进行。

(3) 试样数量应不少于两个。

(4) 试样尺寸。试样宽度应不小于100mm，长度应大于两倍宽度；如果试样宽度不小于200mm，长度应不小于一倍宽度。

(5) 多层试样的厚度，有 n 层时应以单层试样厚度的 n 倍计算。

(6) 实验用水应为无杂质脱气水或蒸馏水。

4) 实验步骤

(1) 将试样包封在乳胶膜或橡皮套内，试样应平整无褶皱，周边应无渗漏，对于直接加荷型，应仔细安装试样上下垫层，使试样承受均匀法向压力。

(2) 施加2～5kPa的压力，应使试样就位，随即向水位容器内注入实验用水，排出试样内的气泡。实验过程中试样应饱和。

(3) 按现场条件选用水力梯度，当情况不明时，选用水力梯度不应大于1.0。

(4) 应按现场条件或设计要求选择法向压力。如果需要确定一定压力范围的渗透系数，则应至少进行三种压力的实验，分布在所需要范围内。

(5) 对试样施加最小一级法向压力，应持续15min。

(6) 抬高上游水位，应使其达到要求的水力梯度。

(7) 测量初始读数，测量通过水量应不小于100cm^3 或记录5min内通过的水量。

(8) 初始读数后，应每隔 2h 测量一次。

(9) 前后两次测量的差小于 2%时应作为水流稳定的标准。以后一次测量值作为测试值。

(10) 如需进行另一种水力梯度下的实验，应在调整好水力梯度后，待稳定 15min 后进行测量。

(11) 调整法向压力，重复上述第 5 项至第 10 项步骤进行其余法向压力下的实验。

5) 结果计算

(1) 水平渗透系数按式(3-19)计算。

$$k_{h20}=\frac{VL}{\delta B\Delta ht}\eta \tag{3-19}$$

式中，k_{h20} 为试样 20℃时的水平渗透系数，cm/s；V 为透水量，cm^3；L、B、δ 为试样长度、宽度和厚度，cm；Δh 为上下游水位差，cm；t 为通过水量 V 的历时，s；η 为水温修正系数，见表 3-12。

(2) 单宽流量应按式(3-20)计算。

$$Q_{h20}=\frac{V}{Bt}\eta \tag{3-20}$$

式中，Q_{h20} 为试样在一定压力与一定水力梯度下 20℃ 时单宽流量，cm^2/s。

(3) 导水率按式(3-21)计算。

$$\theta_{20}=k_{h20}\delta \tag{3-21}$$

式中，θ_{20} 为试样在 20℃时的导水率，cm^2/s。

(4) 分别计算各法向压力下的水平渗透系数及导水率的平均值。

6) 实验记录

水平渗透实验记录见表 3-14。

表 3-14 水平渗透实验记录

<table>
<tr><td colspan="3">水温/℃</td><td colspan="3"></td><td colspan="3">水温修正系数 η</td><td colspan="4"></td></tr>
<tr><td rowspan="2">侧压力/kPa</td><td rowspan="2">试样长度 L/cm</td><td rowspan="2">试样宽度 B/cm</td><td rowspan="2">试样厚度 δ/cm</td><td colspan="2">水位/cm</td><td rowspan="2">历时 t/s</td><td rowspan="2">透水量 V/cm^3</td><td colspan="2">水平渗透系数 $k_{h20}/(cm\cdot s^{-1})$</td><td colspan="2">导水率 θ_{20} $/(cm^2\cdot s^{-1})$</td></tr>
<tr><td>上游</td><td>下游</td><td>单值</td><td>均值</td><td>单值</td><td>均值</td></tr>
<tr><td rowspan="2"></td><td></td><td></td><td></td><td></td><td></td><td></td><td></td><td></td><td rowspan="2"></td><td></td><td rowspan="2"></td></tr>
<tr><td></td><td></td><td></td><td></td><td></td><td></td><td></td><td></td><td></td></tr>
<tr><td rowspan="2"></td><td></td><td></td><td></td><td></td><td></td><td></td><td></td><td></td><td rowspan="2"></td><td></td><td rowspan="2"></td></tr>
<tr><td></td><td></td><td></td><td></td><td></td><td></td><td></td><td></td><td></td></tr>
<tr><td rowspan="2"></td><td></td><td></td><td></td><td></td><td></td><td></td><td></td><td></td><td rowspan="2"></td><td></td><td rowspan="2"></td></tr>
<tr><td></td><td></td><td></td><td></td><td></td><td></td><td></td><td></td><td></td></tr>
<tr><td>备注</td><td colspan="11"></td></tr>
</table>

3.6.2 土工膜实验

土工膜一般可分为沥青土工膜和聚合物(合成高聚物)土工膜两大类。含沥青的土工膜主要为复合型的(含编织型或无纺型的土工织物),沥青作为浸润黏结剂。聚合物土工膜根据不同的主材料分为塑性土工膜、弹性土工膜和组合型土工膜。

大量工程实践表明,土工膜的不透水性很好,弹性和适应变形的能力很强,能适用于不同的施工条件和工作应力,具有良好的耐老化能力,处于水下和土中的土工膜的耐久性尤为突出。土工膜具有突出的防渗和防水性能。

1. 单位面积质量测定

土工膜的单位面积质量测定方法与土工织物的单位面积质量测定方法完全相同,参见3.6.1中的相关内容。

2. 耐静水压力实验

1) 实验目的

通过实验测定土工膜的耐静水压力值,以评定其抗渗性能。

2) 仪器设备

(1) 耐静水压力仪(图3-10)。

(2) 夹具。内径为30.5mm的环形夹具,实验过程中夹具内的试样不应滑移或被夹坏。

(3) 选择合适的压力表量程。

(4) 液压系统。应能逐步增大液压直至试样破坏或试样渗漏,液体压入速度为100mL/min。

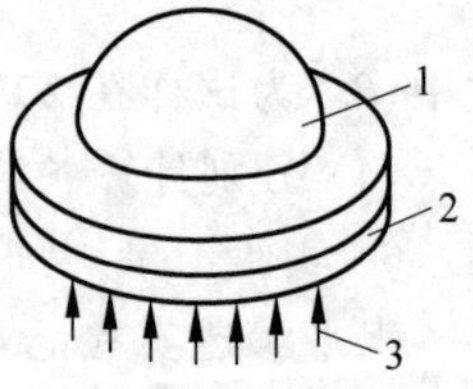

1—试样;2—环形夹具;3—液压。

图3-10 耐静水压力仪

3) 试样制备

(1) 试样裁剪。试样剪取按本小节第1条第3项中的"剪取试样"的方法进行。

(2) 试样状态调节。按本小节第1条第3项中的"试样状态调节"的规定进行。

(3) 每组试样数量应不少于10个,每个试样直径应不小于55mm。

4) 实验步骤

(1) 实验前应检查仪器各部分是否正常,需要时应用刚性且不渗透材料对耐静水压力仪做综合性能校验,保证仪器不渗漏。

(2) 安装试样，用环形夹具将试样夹紧。

(3) 设定液体压入速度为 100mL/min，开启机器，使试样凸起变形，直至试样破坏或试样渗漏时应立即停止加压，并及时记录使试样破坏或试样渗漏时的最大压力。

(4) 重复第 2 项和第 3 项步骤对其余试样进行实验。

5) 结果计算

计算每组试样的耐静水压力平均值(kPa)、标准差和变异系数。

6) 实验记录

土工膜耐静水压力实验记录见表 3-15。

表 3-15 土工膜耐静水压力实验记录

试样编号	最大压力/kPa		试样编号	最大压力/kPa	
平均值		标准差		变异系数	

3. 渗透实验

1) 实验目的

通过实验测定土工膜在水压作用下的渗透系数，以评定其抗渗性能。

2) 仪器设备

(1) 渗透实验原理与主要部件如图 3-11 所示。

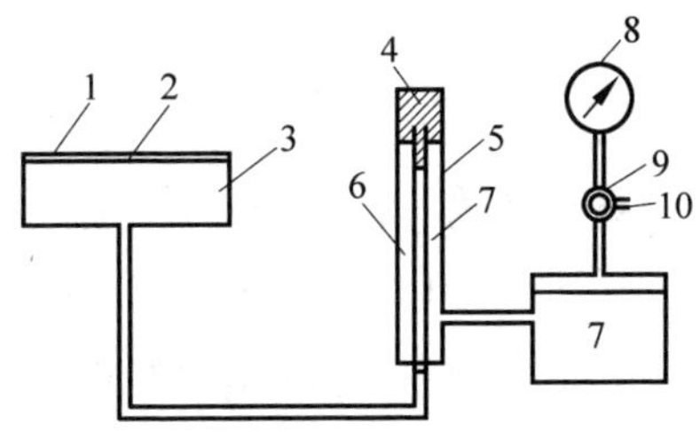

1—透水石与压环；2—试样；3—试样容器；4—油；5—测变管；6—体变管；7—水；8—压力表；9—调压阀；10—气源。

图 3-11 土工膜渗透实验原理图

(2) 试样容器。过水面积应大于 20cm^2，膜一侧承受水压力，另一侧为透水石。

(3) 体变管。测量透过试样水量的装置。体变管内的测变管读数应准确至 0.1cm^2，可采用更小读数的设备。

(4) 管路系统。体变管与试样之间的连接管路系统应充满水，在实验压力下各管路及接头应不渗漏。

(5) 恒压系统。包括气源、调压阀、压力表等，应在实验过程中保持恒压。压力表宜准确至满量程的 0.4%。

(6) 其他。包括计时器、温度计等，温度计准确至 0.5℃。

3) 试样制备

(1) 试样裁剪。试样剪取按本小节第 1 条第 3 项中的"剪取试样"的方法进行。

(2) 每组试样不少于 3 块，尺寸与试样容器应匹配。

4) 实验步骤

(1) 对体变管、试样容器及管路系统进行排气，并充满水。

(2) 打开试样容器，注满水，依次放密封圈、试样、透水石与压力环，夹紧试样。

(3) 实验前将体变管内油面调至较高位置。

(4) 调压阀渐渐加压，无特殊要求应加压至 100kPa。

(5) 加压时注意油水界面，同时检查管路和各接头是否有渗漏。

(6) 压力加至规定值 10min 后记录首次读数，同时测记水温。

(7) 读数时间间隔宜视渗水量快慢而定，开始时可每隔 60min 读数一次；当渗水量逐渐减小后可延长间隔时间。

(8) 实验持续时间，可按前后两次间隔时间内渗水量的差小于 2%时作为稳定标准，应以后一次间隔时间内渗水量作为测试值。

5) 结果计算

渗透系数按式(3-22)计算。

$$k_{m20}=\frac{V\delta}{A\Delta ht}\eta \tag{3-22}$$

式中，k_{m20} 为试样 20℃时的渗透系数，cm/s；V 为渗透水量，m^3；δ 为试样厚度，cm；A 为试样过水面积，cm^2；Δh 为上下面水位差(试样上所加的水压力，以水柱高度计)，cm；t 为通过水量 V 的历时，s；η 为水温修正系数，见表 3-12。计算出全部试样的渗透系数平均值。

6) 实验记录

土工膜渗透实验记录见表 3-16。

表 3-16 土工膜渗透实验记录

试样过水面积 A/cm^2				水温/℃			水温修正系数 η	
试样编号	厚度 δ /cm	时间 t /s	水位/cm			渗透水量 V/cm^3	渗透系数 $k_{m20}/(cm \cdot s^{-1})$	渗透系数平均值 $k_{m20}/(cm \cdot s^{-1})$
			上游	下游	水位差 Δh			
1								
2								
3								
4								
5								
备注								

3.6.3 土工格栅拉伸实验

土工格栅是一种主要的土工合成材料，与其他土工合成材料相比，它具有较高的抗拉强度，较小的变形和蠕变。可以是用聚合物经冲压而成的带空格的板状材料，也可以是将线状构件相互结合而成的网状材料。土工格栅常用作加筋土结构的筋材或复合材料的筋材等，适用于各种堤坝和路基补强，边坡防护，洞壁补强，大型机场、停车场、码头货场等永久性承载的地基补强。

1. 实验目的

通过实验测定土工格栅的拉伸强度和伸长率，以评定其力学性能。

2. 仪器设备

(1) 试验机、夹具、测量和记录装置等应符合土工织物条带拉伸实验设备的规定,参见3.6.1节第2条。

(2) 对于高强土工格栅,如钢塑土工格栅,应采用专用夹具。

3. 试样制备

(1) 试样裁剪。试样剪取按本小节第1条第3项中的“剪取试样”的方法进行。

(2) 试样状态调节。按本小节第1条第3项中的“试样状态调节”的规定进行。

(3) 每组试样数量不少于5个。

(4) 试样宽度根据土工格栅类型的不同选择单肋法、多肋法,土工格栅试样如图3-12所示。长度方向宜包含两个完整单元,并且试样长度应不小于100mm。

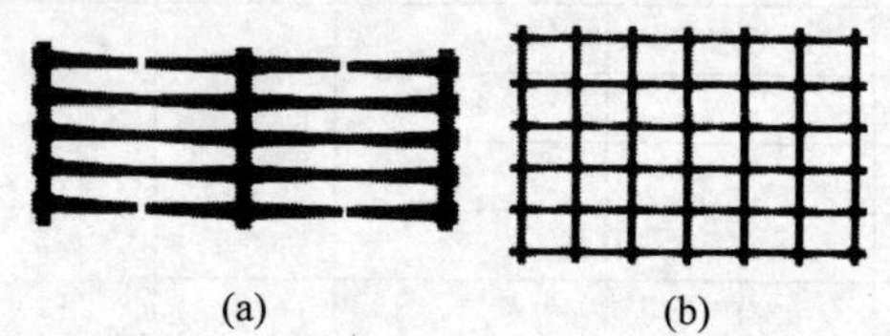

图3-12 土工格栅试样

(a) 单向土工格栅;(b) 双向土工格栅

4. 实验步骤

(1) 选择合适的试验机量程,应使试样的最大破坏荷载在满量程的20%～80%。

(2) 按试样的计量长度调整试验机上、下夹具的间距。

(3) 设定拉伸速度为(土工格栅计量长度的20%)/min(适用于平口式夹具且不用引伸计的情况)。

(4) 将试样放入夹具内夹紧。

(5) 开启试验机,同时启动记录装置,连续运转直至试样破坏为止,停机。在拉伸过程中,同时记录拉力-伸长量曲线。

(6) 如果试样打滑或被钳口夹坏,应按土工织物条带拉伸实验的相关方法处理。

(7) 重复第4项至第6项步骤对其余试样进行实验。

5. 结果计算

(1) 拉伸强度按式(3-23)计算。

$$T_1=\frac{FN}{n} \tag{3-23}$$

式中，T_1 为土工格栅拉伸强度，kN/m，F 为试样最大拉力，kN；N 为样品每米宽度上的肋数，肋/m；n 为试样肋数(单肋法时 $n=1$；多肋法时 n 为试样实际肋数)。

(2) 2%、5%伸长率时拉伸强度计算。先在拉力-伸长量曲线上查得 2%与 5%伸长率相应伸长量时的拉力，再按式(3-23)计算。

(3) 伸长率按式(3-16)计算。

标称强度下的伸长率计算：先按照式(3-23)反算标称强度对应的拉力值，然后在拉力-伸长量曲线上查得该拉力值时试样的伸长量，再按式(3-16)计算标称强度下的伸长率。

(4) 计算每组试样拉伸强度和伸长率的平均值、标准差与变异系数。

6. 实验记录

土工格栅拉伸实验记录见表 3-17。

表 3-17 土工格栅拉伸实验记录

<table>
<tr><td colspan="2">方向</td><td colspan="3"></td><td colspan="2">每米宽度肋数 N</td><td colspan="2"></td></tr>
<tr><td colspan="2">试样肋数 n</td><td colspan="3"></td><td colspan="2">试样计量长度 L_0</td><td colspan="2"></td></tr>
<tr><td>试样编号</td><td>拉力 F /kN</td><td>拉伸强度 T_1 /(kN·m^{-1})</td><td>伸长量 ΔL/mm</td><td>伸长率 /%</td><td>2%伸长率时拉力 /kN</td><td>2%伸长率时强度 /(kN·m^{-1})</td><td>5%伸长率时拉力 /kN</td><td>5%伸长率时强度 /(kN·m^{-1})</td></tr>
<tr><td></td><td></td><td></td><td></td><td></td><td></td><td></td><td></td><td></td></tr>
<tr><td></td><td></td><td></td><td></td><td></td><td></td><td></td><td></td><td></td></tr>
<tr><td></td><td></td><td></td><td></td><td></td><td></td><td></td><td></td><td></td></tr>
<tr><td></td><td></td><td></td><td></td><td></td><td></td><td></td><td></td><td></td></tr>
<tr><td></td><td></td><td></td><td></td><td></td><td></td><td></td><td></td><td></td></tr>
<tr><td>平均值</td><td>—</td><td></td><td>—</td><td></td><td>—</td><td></td><td>—</td><td></td></tr>
<tr><td>标准差</td><td>—</td><td></td><td>—</td><td></td><td>—</td><td></td><td>—</td><td></td></tr>
<tr><td>变异系数</td><td>—</td><td></td><td>—</td><td></td><td>—</td><td></td><td>—</td><td></td></tr>
</table>

3.6.4 实验注意事项

1. 实验难点

(1) 土工织物实验前应进行试样状态调节，即试样放置在温度 20℃±2℃、相对湿度为60%±10%的环境中24h。

(2) 条带拉伸实验结果计算时正确确定各拉伸模量,如初始拉伸模量、偏移拉伸模量、割线拉伸模量。

(3) 做土工织物水平渗透实验时,按现场条件选用水力梯度,当情况不明时,选用水力梯度不应大于1.0。水力梯度(又称水力坡降或者水力坡度)指沿渗透途径水头损失与渗透途径长度的比值;可以理解为水流通过单位长度渗透途径为克服摩擦阻力所耗失的机械能;或为克服摩擦力而使水以一定流速流动的驱动力;或为在含水层中沿水流方向每单位距离的水头下降值(任意两点的水位差与该两点间的距离之比)。

(4) 所有渗透实验在开始前都应对渗透实验装置进行仔细检查,保证仪器不渗漏。

(5) 土工格栅拉伸实验设定拉伸速度为(土工格栅计量长度的20%)/min。

(6) 土工格栅2%与5%伸长率时拉伸强度计算。先在拉力-伸长量曲线上查得2%与5%伸长率相应伸长量时的拉力,再按式(3-23)计算。

2. 容易出错处

(1) 条带拉伸实验裁剪试样尺寸应符合要求。如进行干态与湿态两种拉伸强度实验,应裁剪两倍的试样长度,然后一剪为二,一组测干强度,另一组测湿强度。

(2) 做土工织物垂直渗透实验时,如果是新安装的垂直渗透实验系统,应做空态(无试样)率定,以确定设备自身的水头损失,在进行试样渗透系数计算时予以修正。

(3) 本实验计算量很大,应认真仔细计算,防止出现计算错误。

实验思考题

1. 土工织物条带拉伸实验如何裁剪试样和进行试样状态调节?
2. 试比较土工膜渗透系数与土工布渗透系数计算公式的异同点。
3. 土工格栅拉伸实验时,如何计算2%和5%伸长率时的土工格栅拉伸强度?

参 考 文 献

[1] 中华人民共和国住房和城乡建设部.普通混凝土拌和物性能试验方法标准：GB/T 50080—2016[S].北京：中国建筑工业出版社，2016.

[2] 中华人民共和国住房和城乡建设部.混凝土物理力学性能试验方法标准：GB/T 50081—2019[S].北京：中国建筑工业出版社，2019.

[3] 中国国家标准化管理委员会.钢筋混凝土用钢 第1部分：热轧光圆钢筋：GB/T 1499.1—2017[S].北京：中国标准出版社，2017.

[4] 中国国家标准化管理委员会.钢筋混凝土用钢 第2部分：热轧带肋钢筋：GB/T 1499.2—2018[S].北京：中国标准出版社，2018.

[5] 中国国家标准化管理委员会.钢筋混凝土用钢材实验方法：GB/T 28900—2012[S].北京：中国标准出版社，2013.

[6] 杜红秀，周梅.土木工程材料[M].北京：机械工业出版社，2012.

[7] 苏达根.土木工程材料[M].3版.北京：高等教育出版社，2015.

[8] 高琼英.建筑材料[M].4版.武汉：武汉理工大学出版社，2012.

[9] 土工合成材料测试规程编写组.土工合成材料测试规程：SL 235—2012[S].北京：中国水利水电出版社，2012.

[10] 交通运输部公路科学研究院.公路工程沥青及沥青混合料实验规程：JTG E 20—2011[S].北京：人民交通出版社，2011.

[11] 沈阳建筑大学建筑材料实验中心.土木工程材料实验指导书及报告[C].沈阳：[出版者不详]，2007.

[12] 安明喆，张桦.土木工程材料试验教程[M].北京：中国科学出版社，2010.

[13] 李江华，李柱凯.建筑材料[M].武汉：华中科技大学出版社，2016.

[14] 李美娟.土木工程材料实验[M].2版.北京：中国石化出版社，2020.

[15] 中国国家标准化管理委员会.水泥细度检验方法 筛析法：GB/T 1345—2005[S].北京：中国标准出版社，2005.

[16] 中国国家标准化管理委员会.水泥标准稠度用水量、凝结时间、安定性检验方法：GB/T 1346—2011[S].北京：中国标准出版社，2011.

[17] 中国国家标准化管理委员会.水泥胶砂强度检验方法(ISO法)：GB/T 17671—1999[S].北京：中国标准出版社，1999.

[18] 中国国家标准化管理委员会.金属材料 弯曲试验方法：GB/T 232—2010[S].北京：中国标准出版社，2010.

[19] 中国国家标准化管理委员会.金属材料 拉伸试验 第1部分：室温试验方法：GB/T 228.1—2010[S].北京：中国标准出版社，2010.

[20] 中国国家标准化管理委员会.建设用砂：GB/T 14684—2011[S].北京：中国标准出版社，2011.

[21] 中国国家标准化管理委员会. 建设用卵石、碎石：GB/T 14685—2011[S]. 北京：中国标准出版社，2011.

[22] 中华人民共和国住房和城乡建设部. 建筑砂浆基本性能试验方法标准：JGJ/T 70—2009[S]. 北京：中国建筑工业出版社，2009.

[23] 中国国家标准化管理委员会. 砌墙砖试验方法：GB/T 2542—2012[S]. 北京：中国标准出版社，2012.

[24] 中国国家标准化管理委员会. 烧结多孔砖和多孔砌块：GB/T 13544—2011[S]. 北京：中国标准出版社，2011.

[25] 中国国家标准化管理委员会. 烧结空心砖和空心砌块：GB/T 13545—2014[S]. 北京：中国标准出版社，2014.

[26] 中国国家标准化管理委员会. 烧结普通砖：GB/T 5101—2017[S]. 北京：中国标准出版社，2017.

[27] 中国国家标准化管理委员会. 数值修约规则与极限数值的表示和判定：GB/T 8170—2008[S]. 北京：中国标准出版社，2017.

[28] 中国国家标准化管理委员会. 沥青取样法：GB/T 11147—2010[S]. 北京：中国标准出版社，2010.

[29] 中国国家标准化管理委员会. 沥青软化点测定法 环球法：GB/T 4507—2014[S]. 北京：中国标准出版社，2014.

[30] 中国国家标准化管理委员会. 沥青延度测定法：GB/T 4508—2010[S]. 北京：中国标准出版社，2010.

[31] 中国国家标准化管理委员会. 沥青针入度测定法：GB/T 4509—2010[S]. 北京：中国标准出版社，2010.

[32] 中华人民共和国住房和城乡建设部. 普通混凝土长期性能和耐久性能试验方法标准：GB/T 50082—2009[S]. 北京：中国建筑工业出版社，2009.